DEUTSCHE AKADEMIE DER WISSENSCHAFTEN ZU BERLIN

Veröffentlichungen des Geodätischen Institutes in Potsdam

Nr. 26

DIE LÖSUNG DER GEODÄTISCHEN HAUPTAUFGABEN IN DER NÄHE DER ERDPOLE MIT HILFE DER STEREOGRAPHISCHEN POLARPROJEKTION

Von

DIETRICH SCHOEPS

Mit 2 Abbildungen und 4 Tafeln

AKADEMIE-VERLAG · BERLIN

1964

Erschienen im Akademie-Verlag GmbH, Berlin W 8, Leipziger Straße 3–4

Lizenznummer: 202 · 100/558/64
Gesamtherstellung: VEB Druckerei „Thomas Müntzer" Bad Langensalza
Bestellnummer: 2016/26 · ES 19 C · Preis: DM 10,50

Es sind über das Problem der geodätischen Hauptaufgaben in den letzten Jahrzehnten viele Veröffentlichungen erschienen, die teilweise in allgemeiner Form, teilweise aber auch ganz speziell ihre Auflösung behandeln. Die Lösung geschieht dabei mittels verschiedener Linien, der geodätischen Linie, der Normalschnitte oder auch noch anderer spezieller Kurven auf der Rechenfläche, als welche in den meisten Fällen ein Rotationsellipsoid verwendet wird. Dabei haben fast alle Verfahren den einen Nachteil, daß sie in der Anwendung auf die Gebiete mit nicht zu hohen geographischen Breiten beschränkt sind, d. h. daß sie in den Polregionen nicht mehr ohne weiteres anwendbar sind. Zwar gibt es Verfahren, die speziell für Rechnungen in der Umgebung der Erdpole entwickelt worden sind (z. B. [4]), doch erweist sich auch hier die Rechnung noch als recht umständlich. Der Zweck der vorliegenden Arbeit ist es, einfache Rechenformeln für die 1. und 2. geodätische Hauptaufgabe im Gebiet zwischen dem Pol und der Breite 80° aufzustellen. Dazu werden die geographischen Koordinaten in stereographische Koordinaten nach GAUSS und KRÜGER transformiert und die Rechnungen eben im System der stereographischen Koordinaten ausgeführt.

Die stereographische Polarabbildung des Erdellipsoids

Die stereographische Abbildung gehört zu den konformen oder winkeltreuen Abbildungen, deren mathematische Grundlagen bereits im Jahre 1822 von C. F. GAUSS dargelegt worden sind [1].

Auch späterhin sind allgemeine Darstellungen über konforme Abbildungen in großer Zahl veröffentlicht worden, ich möchte nur auf die Arbeiten von GROSSMANN [6], LEHMANN [7], HUNGER [8], DRAHEIM [9] und HRISTOW [3] hinweisen.

Die Koordinaten eines Punktes auf der abzubildenden Fläche wollen wir mit X, Y, Z und die Koordinaten des gleichen Punktes nach der Abbildung auf eine andere Fläche mit x, y, z bezeichnen. Beide Koordinatentripel seien von den Parametern u und v abhängig.

$$\left.\begin{aligned} X &= X(u, v)\,, & x &= x(u, v)\,,\\ Y &= Y(u, v)\,, & y &= y(u, v)\,,\\ Z &= Z(u, v)\,, & z &= z(u, v)\,. \end{aligned}\right\} \tag{1}$$

Bei einer konformen Abbildung der beiden Flächen aufeinander stehen die Linienelemente auf ihnen in einem von ihrer Richtung nicht abhängigen Größenverhältnis, d. h., die Abbildung wird dem Urbild in den kleinsten Teilen ähnlich.

Mit den Fundamentalgrößen erster Ordnung E, F, G auf der Ausgangsfläche erhalten wir das Linienelement

$$dS^2 = E\,du^2 + 2\,F\,du\,dv + G\,dv^2\,. \tag{2}$$

Für das in der Projektion auftretende Linienelement ergibt sich mit den Größen $\overline{E}$, $\overline{F}$, $\overline{G}$

$$ds^2 = \overline{E}\,du^2 + 2\,\overline{F}\,du\,dv + \overline{G}\,dv^2\,. \tag{3}$$

Wir betrachten zunächst ein ebenes Koordinatensystem und setzen

$$\left.\begin{aligned} x &= u\,, \\ y &= v\,, \\ z &= 0\,. \end{aligned}\right\} \tag{4}$$

Mit den Fundamentalgrößen

$$\bar{E} = \bar{G} = 1\,, \qquad \bar{F} = 0 \tag{4a}$$

bekommen wir

$$ds^2 = dx^2 + dy^2\,. \tag{5}$$

Wir wenden uns nunmehr dem Ellipsoid zu. Die Koordinaten eines Punktes auf der Oberfläche sind gegeben durch

$$\left.\begin{aligned} X &= a \cdot \cos u \cdot \cos v\,, \\ Y &= a \cdot \cos u \cdot \sin v\,, \\ Z &= b \cdot \sin u\,, \end{aligned}\right\} \tag{6}$$

wobei a und b die Halbachsen des Ellipsoids, u die reduzierte Breite und v die geographische Länge darstellt. Es ergeben sich für die Fundamentalgrößen und das Linienelement

$$\left.\begin{aligned} E &= a^2 \sin^2 u + b^2 \cos^2 u\,, \qquad F = 0\,, \qquad G = a^2 \cos^2 u \\ dS^2 &= (a^2 \sin^2 u + b^2 \cos^2 u)\, du^2 + a^2 \cos^2 u\, dv^2\,. \end{aligned}\right\} \tag{7}$$

Bedingung für eine konforme Abbildung zweier Flächen ist neben der Beziehung $F = \bar{F} = 0$ noch

$$E : G = \bar{E} : \bar{G}\,. \tag{8}$$

Die Koordinaten u und v erfüllen diese Bedingung noch nicht. Wir wollen daher zunächst zu geographischen Koordinaten φ und λ übergehen und setzen

$$\left.\begin{aligned} \cos u &= \frac{1}{W} \cos \varphi\,, \qquad \sin u = \frac{(1-\varepsilon^2)^{1/2}}{W} \sin \varphi\,, \\ du &= \frac{(1-\varepsilon^2)^{1/2}}{W^2}\, d\varphi\,, \qquad dv = d\lambda\,. \end{aligned}\right\} \tag{9}$$

Hier bedeutet ε die 1. numerische Exzentrizität und $W^2 = 1 - \varepsilon^2 \sin^2 \varphi$.

Damit ergibt sich

$$\begin{aligned} dS^2 &= M^2\, d\varphi^2 + N^2 \cos^2 \varphi\, d\lambda^2\,, \\ dS^2 &= N^2 \cos^2 \varphi \left\{ \frac{M^2}{N^2 \cos^2 \varphi}\, d\varphi^2 + d\lambda^2 \right\}. \end{aligned} \tag{10}$$

Setzen wir nun noch die isometrische Breite q ein, die definiert ist durch die Differentialbeziehung

$$dq = \frac{M}{N \cos \varphi}\, d\varphi\,, \tag{11}$$

so erhalten wir für das Linienelement dS auf dem Ellipsoid

$$dS^2 = N^2 \cos^2 \varphi \,\{ d\lambda^2 + dq^2 \}\,. \tag{12}$$

Wir haben durch die isometrische Breite und die geographische Länge jetzt auch für das Ellipsoid ein isothermes System bekommen. Es läßt sich weiter durch Integration der

Gleichungen (5) und (12) die Beziehung der Koordinaten auf den beiden Flächen allgemein darstellen

$$x + i\,y = f(\lambda + i\,q)\,, \tag{13}$$

wobei f das Zeichen für irgendeinen funktionalen Zusammenhang bedeutet.

Durch Integration von (11) ergibt sich für die isometrische Breite

$$q = \ln\left\{\operatorname{tg}\left(45^\circ + \frac{\varphi}{2}\right)\left(\frac{1 - \varepsilon\sin\varphi}{1 + \varepsilon\sin\varphi}\right)^{\frac{1}{2}\varepsilon}\right\}, \tag{14}$$

und gehen wir über zur Poldistanz π, indem wir setzen

$$\pi = 90^\circ - \varphi\,,$$

so wird

$$q = \ln\left\{\operatorname{ctg}\frac{\pi}{2}\left(\frac{1 - \varepsilon\cdot\cos\pi}{1 + \varepsilon\cdot\cos\pi}\right)^{\frac{1}{2}\varepsilon}\right\}. \tag{14a}$$

Die Gleichung (13) lautet nunmehr

$$(x + i\,y) = f\left(\lambda + i\cdot\ln\left\{\operatorname{ctg}\frac{\pi}{2}\left(\frac{1 - \varepsilon\cdot\cos\pi}{1 + \varepsilon\cdot\cos\pi}\right)^{\frac{1}{2}\varepsilon}\right\}\right). \tag{15}$$

Wir wollen daraus die stereographische Abbildung ableiten und erhalten diese, wenn wir für $f(v)$ eine imaginäre Exponentialfunktion ansetzen (siehe GAUSS [1]).

$$f(v) = k\cdot e^{i\,v}\,. \tag{16}$$

k ist die Entfernung des Projektionszentrums vom Zentralpunkt der Projektion, und wenn wir für diese Punkte die beiden Pole des Ellipsoids verwenden, wird $k = 2\,b$. Wir führen die Rechnung aus und bekommen durch Trennen der Gleichungen in Real- und Imaginärteil die Transformationsgleichungen zwischen den geographischen und stereographischen Koordinaten in geschlossener Form.

$$(x + i\,y) = k\cdot e^{i\left\{\lambda + i\cdot\ln\left[\operatorname{ctg}\frac{\pi}{2}\left(\frac{1-\varepsilon\cdot\cos\pi}{1+\varepsilon\cdot\cos\pi}\right)^{\frac{1}{2}\varepsilon}\right]\right\}}\,,$$

$$(x + i\,y) = k\cdot\operatorname{tg}\frac{\pi}{2}\left(\frac{1 + \varepsilon\cdot\cos\pi}{1 - \varepsilon\cdot\cos\pi}\right)^{\frac{1}{2}\varepsilon}(\cos\lambda + i\cdot\sin\lambda)\,,$$

$$\left.\begin{aligned} x &= k\cdot\operatorname{tg}\frac{\pi}{2}\left(\frac{1 + \varepsilon\cdot\cos\pi}{1 - \varepsilon\cdot\cos\pi}\right)^{\frac{1}{2}\varepsilon}\cdot\cos\lambda\,,\\ y &= k\cdot\operatorname{tg}\frac{\pi}{2}\left(\frac{1 + \varepsilon\cdot\cos\pi}{1 - \varepsilon\cdot\cos\pi}\right)^{\frac{1}{2}\varepsilon}\cdot\sin\lambda\,.\end{aligned}\right\} \tag{17}$$

Der Maßstab (das Vergrößerungsverhältnis) läßt sich als Quotient der Linienelemente darstellen

$$m^2 = \frac{ds^2}{dS^2} = \frac{1}{N^2\cos^2\varphi}\cdot\frac{dx^2 + dy^2}{d\lambda^2 + dq^2}, \tag{18}$$

oder auch anders geschrieben

$$m^2 = \frac{1}{N^2\cos^2\varphi}\cdot\frac{dx + i\,dy}{d\lambda + i\,dq}\cdot\frac{dx - i\,dy}{d\lambda - i\,dq}. \tag{19}$$

Mit der Poldistanz π wird

$$\frac{1}{N^2\cos^2\varphi} = \frac{1 - \varepsilon^2\cos^2\pi}{a^2\cdot\sin^2\pi}. \tag{19a}$$

Setzen wir

$$(x + i \cdot y) = f(\lambda + i \cdot q) = f(v) = k \cdot e^{iv} ,$$
$$(x - i \cdot y) = f'(\lambda - i \cdot q) = f'(\bar{v}) = k \cdot e^{-i\bar{v}} ,$$

so ergibt sich

$$\frac{dx + i \cdot dy}{dv} = i \cdot k \cdot e^{iv} \qquad \text{und} \qquad \frac{dx - i \cdot dy}{d\bar{v}} = - i \cdot k \cdot e^{-i\bar{v}}$$

und daraus

$$m^2 = \frac{1 - \varepsilon^2 \cdot \cos^2 \pi}{a^2 \cdot \sin^2 \pi} (i \cdot k \cdot e^{iv}) (- i \cdot k \cdot e^{-i\bar{v}}) .$$

Das wird ausmultipliziert, und wir bekommen für den Maßstab

$$m^2 = \frac{1 - \varepsilon^2 \cdot \cos^2 \pi}{a^2 \cdot \sin^2 \pi} \cdot k^2 (\cos^2 \lambda + \sin^2 \lambda) \cdot \operatorname{tg}^2 \frac{\pi}{2} \left(\frac{1 + \varepsilon \cdot \cos \pi}{1 - \varepsilon \cdot \cos \pi}\right)^{\varepsilon}$$

oder

$$m = \frac{k}{a \cdot \sin \pi} (1 - \varepsilon^2 \cdot \cos^2 \pi)^{\frac{1}{2}} \cdot \operatorname{tg} \frac{\pi}{2} \left(\frac{1 + \varepsilon \cdot \cos \pi}{1 - \varepsilon \cdot \cos \pi}\right)^{\frac{1}{2}\varepsilon} . \tag{20}$$

Mit $k = 2\,b = 2\,a\,(1 - \varepsilon^2)^{1/2}$ erhalten wir für den Zentralpunkt mit $\pi = 0$ einen Wert von

$$m_0 = (1 - \varepsilon^2) \left(\frac{1 + \varepsilon}{1 - \varepsilon}\right)^{\frac{1}{2}\varepsilon} .$$

Da es die Berechnung vereinfacht, wenn der Maßstab im Zentralpunkt = 1 ist, werden die Formeln für den Maßstab und die Transformation mit dem Faktor

$$\frac{1}{(1 - \varepsilon^2)} \cdot \left(\frac{1 - \varepsilon}{1 + \varepsilon}\right)^{\frac{1}{2}\varepsilon} \tag{21}$$

multipliziert. Die in der weiteren Arbeit verwendeten Transformationsformeln und der Maßstab lauten dann

$$x = - 2\,a \cdot \operatorname{tg} \frac{\pi}{2} \cdot \frac{1}{(1 - \varepsilon^2)^{\frac{1}{2}}} \left(\frac{1 + \varepsilon \cdot \cos \pi}{1 - \varepsilon \cdot \cos \pi}\right)^{\frac{1}{2}\varepsilon} \cdot \left(\frac{1 - \varepsilon}{1 + \varepsilon}\right)^{\frac{1}{2}\varepsilon} \cdot \cos \lambda ,$$

$$y = + 2\,a \cdot \operatorname{tg} \frac{\pi}{2} \cdot \frac{1}{(1 - \varepsilon^2)^{\frac{1}{2}}} \left(\frac{1 + \varepsilon \cdot \cos \pi}{1 - \varepsilon \cdot \cos \pi}\right)^{\frac{1}{2}\varepsilon} \cdot \left(\frac{1 - \varepsilon}{1 + \varepsilon}\right)^{\frac{1}{2}\varepsilon} \cdot \sin \lambda ,$$

$$m = 2\,\frac{1 - \cos \pi}{\sin^2 \pi} \cdot \frac{1}{(1 - \varepsilon^2)^{\frac{1}{2}}} \cdot (1 - \varepsilon^2 \cos^2 \pi)^{\frac{1}{2}} \cdot \left(\frac{1 + \varepsilon \cdot \cos \pi}{1 - \varepsilon \cdot \cos \pi}\right)^{\frac{1}{2}\varepsilon} \cdot \left(\frac{1 - \varepsilon}{1 + \varepsilon}\right)^{\frac{1}{2}\varepsilon} ,$$

und mit dem nur vom Ellipsoid und von dem Polabstand π abhängigen Faktor K

$$K = 2\,a \cdot \operatorname{tg} \frac{\pi}{2} \cdot \frac{1}{(1 - \varepsilon^2)^{\frac{1}{2}}} \cdot \left(\frac{1 + \varepsilon \cdot \cos \pi}{1 - \varepsilon \cdot \cos \pi}\right)^{\frac{1}{2}\varepsilon} \cdot \left(\frac{1 - \varepsilon}{1 + \varepsilon}\right)^{\frac{1}{2}\varepsilon} , \tag{22}$$

$$x = - K \cdot \cos \lambda , \qquad y = + K \cdot \sin \lambda , \qquad m = \frac{K}{a} \frac{(1 - \varepsilon^2 \cos^2 \pi)^{1/2}}{\sin \pi} . \tag{23}$$

Potenzreihenentwicklungen

Wir wollen nun für den Koeffizienten K und den Maßstab m Potenzreihenentwicklungen ansetzen. Mit $a = c \cdot (1 - \varepsilon^2)^{1/2}$ erhalten wir aus (22)

$$K = 2\,c \cdot \operatorname{tg} \frac{\pi}{2} \cdot \frac{g}{g_0}, \tag{24}$$

wobei c der polare Krümmungsradius ist und

$$g = \left(\frac{1 + \varepsilon \cos \pi}{1 - \varepsilon \cos \pi}\right)^{\frac{1}{2}\varepsilon}, \qquad g_0 = \left(\frac{1 + \varepsilon}{1 - \varepsilon}\right)^{\frac{1}{2}\varepsilon}$$

gesetzt werden. Die Reihenentwicklung für g ergibt

$$g = 1 + \varepsilon^2 \cos \pi + \varepsilon^4 \left(\frac{1}{2} \cos^2 \pi + \frac{1}{3} \cos^3 \pi\right) + \varepsilon^6 \left(\frac{1}{6} \cos^3 \pi + \frac{1}{3} \cos^4 \pi + \frac{1}{5} \cos^5 \pi\right)$$
$$+ \varepsilon^8 \left(\frac{1}{24} \cos^4 \pi + \frac{1}{6} \cos^5 \pi + \frac{23}{90} \cos^6 \pi + \frac{1}{7} \cos^7 \pi\right).$$

Setzen wir für $\pi = 0$, $\cos \pi = 1$, so bekommen wir die Reihe für g_0

$$g_0 = 1 + \varepsilon^2 + \frac{5}{6} \varepsilon^4 + \frac{7}{10} \varepsilon^6 + \frac{1529}{2520} \varepsilon^8,$$

und damit $g : g_0$

$$\frac{g}{g_0} = 1 + \varepsilon^2 (\cos \pi - 1) + \varepsilon^4 \left(- \cos \pi + \frac{1}{2} \cos^2 \pi + \frac{1}{3} \cos^3 \pi + \frac{1}{6}\right)$$
$$+ \varepsilon^6 \left(\frac{1}{6} \cos \pi - \frac{1}{2} \cos^2 \pi - \frac{1}{6} \cos^3 \pi + \frac{1}{3} \cos^4 \pi + \frac{1}{5} \cos^5 \pi - \frac{1}{30}\right)$$
$$+ \varepsilon^8 \left(- \frac{1}{30} \cos \pi + \frac{1}{12} \cos^2 \pi - \frac{1}{9} \cos^3 \pi - \frac{7}{24} \cos^4 \pi\right.$$
$$\left. - \frac{1}{30} \cos^5 \pi + \frac{23}{90} \cos^6 \pi + \frac{1}{7} \cos^7 \pi - \frac{31}{2520}\right). \tag{25}$$

Wir setzen die Cosinusreihe an,

$$\cos \pi = 1 - \frac{\pi^2}{2} + \frac{\pi^4}{24} - \frac{\pi^6}{720} + \frac{\pi^8}{40320},$$

und erhalten aus (25)

$$\frac{g}{g_0} = 1 - \frac{1}{2} (\varepsilon^2 + \varepsilon^4 + \varepsilon^6 + \varepsilon^8)\, \pi^2 + \left(\frac{1}{24} \varepsilon^2 + \frac{5}{12} \varepsilon^4 + \frac{19}{24} \varepsilon^6\right) \pi^4$$
$$+ \left(- \frac{1}{720} \varepsilon^2 - \frac{19}{180} \varepsilon^4 - \frac{47}{90} \varepsilon^6\right) \pi^6. \tag{26}$$

Schließlich wird mit

$$\operatorname{tg} \frac{\pi}{2} = \frac{1}{2} \pi + \frac{1}{24} \pi^3 + \frac{1}{240} \pi^5 + \frac{17}{40320} \pi^7,$$

$$K = c \cdot \pi + \frac{1}{12} c \,\{1 - 6\, (\varepsilon^2 + \varepsilon^4 + \varepsilon^6 + \varepsilon^8)\}\, \pi^3$$
$$+ \frac{1}{120} c\, (1 + 45\, \varepsilon^4 + 90\, \varepsilon^6)\, \pi^5 + \frac{17}{20160} c \left(1 - \frac{42}{17} \varepsilon^2\right) \pi^7. \tag{27}$$

Durch Umkehrung der Reihe (27) erhalten wir für π

$$\pi = \frac{K}{c} - \frac{1}{12}\{1 - 6(\varepsilon^2 + \varepsilon^4 + \varepsilon^6 + \varepsilon^8)\}\frac{K^3}{c^3} +$$

$$+ \frac{1}{80}(1 - 20\varepsilon^2 + 10\varepsilon^4 + 40\varepsilon^6)\frac{K^5}{c^5} - \frac{1}{448}(1 - 42\varepsilon^2)\frac{K^7}{c^7}. \tag{28}$$

Für den Maßstab bekommen wir mit (23) und (24)

$$m = \frac{K}{c} \cdot \frac{(1 - \varepsilon^2 \cos^2 \pi)^{1/2}}{(1 - \varepsilon^2)^{1/2} \sin \pi}.$$

Durch Reihenentwicklung ergibt sich

$$\frac{(1 - \varepsilon^2 \cos^2 \pi)^{1/2}}{(1 - \varepsilon^2)^{1/2} \sin \pi} = \frac{1}{\pi} + \left\{\frac{1}{6} + \frac{1}{2}(\varepsilon^2 + \varepsilon^4 + \varepsilon^6 + \varepsilon^8)\right\}\pi + \left(\frac{7}{360} - \frac{1}{12}\varepsilon^2 - \frac{5}{24}\varepsilon^4 - \frac{1}{3}\varepsilon^6\right)\pi^3 +$$

$$+ \left(\frac{31}{15120} + \frac{1}{240}\varepsilon^2 + \frac{1}{15}\varepsilon^4 + \frac{23}{120}\varepsilon^6\right)\pi^5,$$

und damit für m

$$m = 1 + \frac{1}{4}\pi^2 + \frac{1}{24}\{1 - 3(\varepsilon^2 + \varepsilon^4 + \varepsilon^6)\}\pi^4 + \frac{1}{2880}(17 - 30\varepsilon^2)\pi^6. \tag{29}$$

Setzen wir (28) in die obige Formel ein, so wird

$$m = 1 + \frac{1}{4}\frac{K^2}{c^2} + \frac{1}{8}(\varepsilon^2 + \varepsilon^4 + \varepsilon^6)\frac{K^4}{c^4} - \frac{1}{32}\varepsilon^2\frac{K^6}{c^6}. \tag{30}$$

Umformung geographischer Koordinaten in stereographische Koordinaten und umgekehrt

Blicken wir vom Außenraum der Erde auf das Gebiet des Erdnordpols, so ergeben sich folgende, in der Abb. 1 dargestellten Verhältnisse: Der negative Teil der x-Achse fällt mit dem Meridian von Greenwich zusammen, der positive Ast der y-Achse mit dem Meridian 90° östl. Länge. Dementsprechend wurde in den Formeln (23) die x-Koordinate mit dem umgekehrten Vorzeichen genommen.

In der Form der Gleichungen (23) haben die Koordinaten den Charakter von Polarkoordinaten, wobei K der Abstand vom Pol und λ der Winkel zwischen dem Nullmeridian und dem Meridian des Punktes ist. Entsprechend ist auch die weitere Behandlung.

Der Faktor K wird zweckmäßigerweise als Funktion der Poldistanz π tabuliert.

Wir ermitteln aus der gegebenen Breite das π, entnehmen der Tabelle das entsprechende K und erhalten die stereographischen Koordinaten x und y aus

$$\left.\begin{aligned} x &= -K \cdot \cos\lambda, \\ y &= K \cdot \sin\lambda. \end{aligned}\right\} \tag{31}$$

Die Rückrechnung gestaltet sich ähnlich einfach. Es ist

$$\operatorname{tg}\lambda = \frac{y}{-x} \tag{32}$$

und

$$K = \frac{y}{\sin\lambda} = \frac{-x}{\cos\lambda}, \tag{33}$$

oder

$$K^2 = x^2 + y^2, \tag{33a}$$

und wir können aus der Tafel 1 das dem K entsprechende π bzw. φ bestimmen.

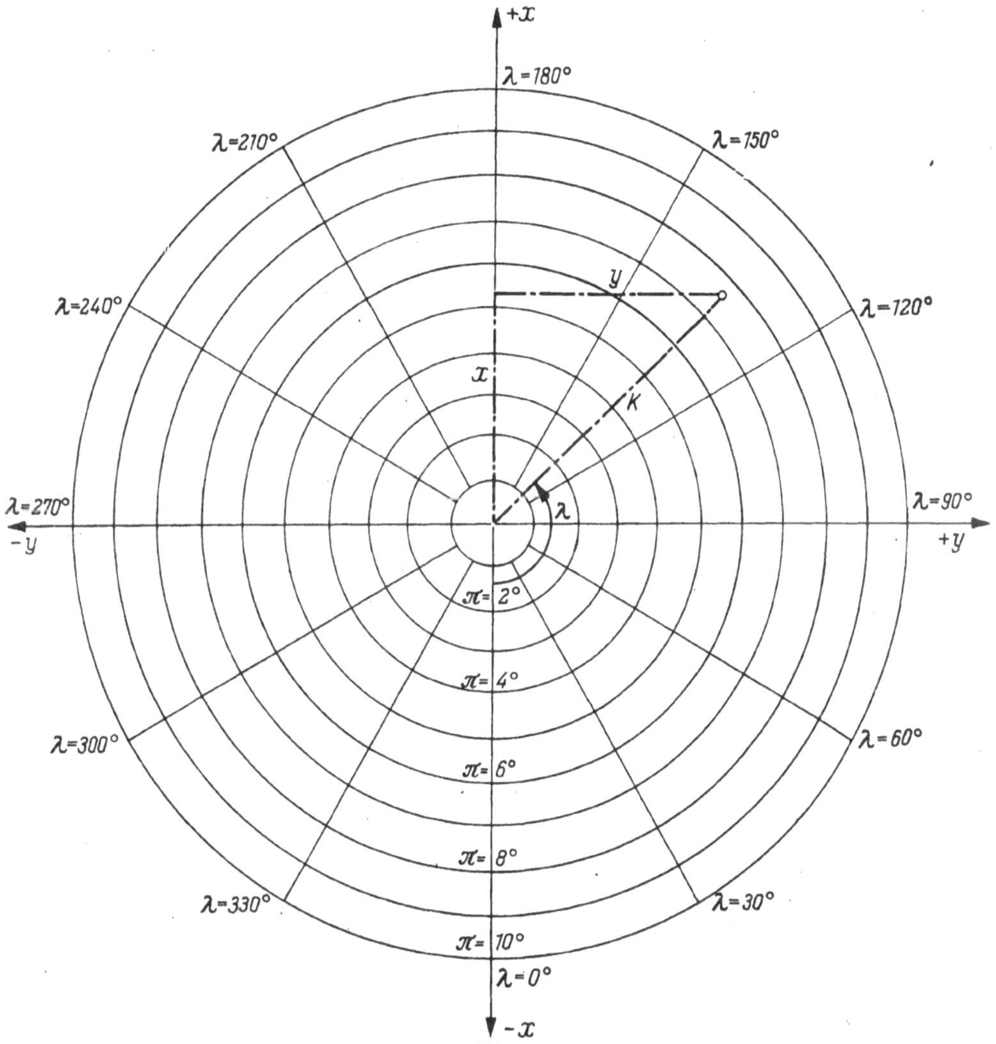

Abb. 1

Lösung der ersten geodätischen Hauptaufgabe (direktes Problem)

Die Auflösung der geodätischen Hauptaufgaben wird in dem System der ebenen stereographischen Koordinaten durchgeführt. Es gilt offenbar für ein konformes Koordinatensystem (Abb. 2)

$$dx = \cos\alpha \cdot m\,ds \qquad dy = \sin\alpha \cdot m\,ds \qquad d\alpha = -\frac{\partial m}{\partial y}\cos\alpha \cdot ds + \frac{\partial m}{\partial x}\sin\alpha \cdot ds\,. \tag{34}$$

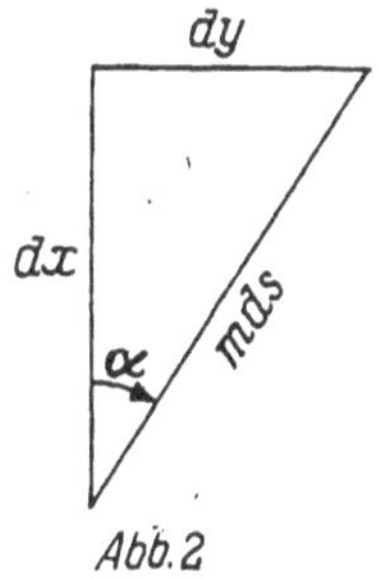

Abb. 2

Für die Koordinatenunterschiede und den Azimutunterschied lassen sich nun TAYLOR-Reihen aufstellen, welche lauten

$$\left.\begin{aligned} x_2 &= x_1 + \left(\frac{dx}{ds}\right)_1 \cdot s_{12} + \frac{1}{2}\left(\frac{d^2x}{ds^2}\right)_1 \cdot s_{12}^2 + \frac{1}{6}\left(\frac{d^3x}{ds^3}\right)_1 \cdot s_{12}^3 + \cdots, \\ y_2 &= y_1 + \left(\frac{dy}{ds}\right)_1 \cdot s_{12} + \frac{1}{2}\left(\frac{d^2y}{ds^2}\right)_1 \cdot s_{12}^2 + \frac{1}{6}\left(\frac{d^3y}{ds^3}\right)_1 \cdot s_{12}^3 + \cdots, \\ \alpha_{21} &= \alpha_{12} \pm 180^\circ + \left(\frac{d\alpha}{ds}\right)_1 \cdot s_{12} + \frac{1}{2}\left(\frac{d^2\alpha}{ds^2}\right)_1 \cdot s_{12}^2 + \frac{1}{6}\left(\frac{d^3\alpha}{ds^3}\right)_1 \cdot s_{12}^3 + \cdots. \end{aligned}\right\} \tag{35}$$

Für die allgemeinen Ausdrücke (34) sind die Reihen (35) bereits bei HRISTOW ([3], S. 191) ausgewertet worden. Sie lauten dort

$$
\begin{aligned}
x_2 = {} & x_1 + [m]_1 \cdot \bar{u} + \left[\frac{1}{2}\, m\, \frac{\partial m}{\partial x}\right]_1 \cdot \bar{u}^2 + \left[m\, \frac{\partial m}{\partial y}\right]_1 \cdot \bar{u} \cdot \bar{v} + \left[-\frac{1}{2}\, m\, \frac{\partial m}{\partial x}\right]_1 \cdot \bar{v}^2 + \\
& + \left[\frac{1}{6}\, m \left(\frac{\partial m}{\partial x}\right)^2 - \frac{1}{3}\, m \left(\frac{\partial m}{\partial y}\right)^2 + \frac{1}{6}\, m^2 \frac{\partial^2 m}{\partial x^2}\right]_1 \cdot \bar{u}^3 + \left[\frac{3}{2}\, m\, \frac{\partial m}{\partial x} \cdot \frac{\partial m}{\partial y} + \frac{1}{2}\, m^2 \frac{\partial^2 m}{\partial x\, \partial y}\right]_1 \cdot \bar{u}^2\, \bar{v} \\
& + \left[-\frac{5}{6}\, m \left(\frac{\partial m}{\partial x}\right)^2 + \frac{2}{3}\, m \left(\frac{\partial m}{\partial y}\right)^2 - \frac{1}{6}\, m^2 \frac{\partial^2 m}{\partial x^2} + \frac{1}{3}\, m^2 \frac{\partial^2 m}{\partial y^2}\right]_1 \cdot \bar{u}\, \bar{v}^2 \\
& + \left[-\frac{1}{2}\, m\, \frac{\partial m}{\partial x} \cdot \frac{\partial m}{\partial y} - \frac{1}{6}\, m^2 \frac{\partial^2 m}{\partial x\, \partial y}\right]_1 \cdot \bar{v}^3\,, \qquad (36)
\end{aligned}
$$

$$
\begin{aligned}
y_2 = {} & y_1 + [m]_1 \cdot \bar{v} + \left[-\frac{1}{2}\, m\, \frac{\partial m}{\partial y}\right]_1 \cdot \bar{u}^2 + \left[m\, \frac{\partial m}{\partial x}\right]_1 \cdot \bar{u}\, \bar{v} + \left[\frac{1}{2}\, m\, \frac{\partial m}{\partial y}\right]_1 \cdot \bar{v}^2 \\
& + \left[-\frac{1}{2}\, m\, \frac{\partial m}{\partial x}\, \frac{\partial m}{\partial y} - \frac{1}{6}\, m^2 \frac{\partial^2 m}{\partial x\, \partial y}\right]_1 \cdot \bar{u}^3 \\
& + \left[\frac{2}{3}\, m \left(\frac{\partial m}{\partial x}\right)^2 - \frac{5}{6}\, m \left(\frac{\partial m}{\partial y}\right)^2 + \frac{1}{3}\, m^2 \frac{\partial^2 m}{\partial x^2} - \frac{1}{6}\, m^2 \frac{\partial^2 m}{\partial y^2}\right]_1 \cdot \bar{u}^2\, \bar{v} \\
& + \left[\frac{3}{2}\, m\, \frac{\partial m}{\partial x}\, \frac{\partial m}{\partial y} + \frac{1}{2}\, m^2 \frac{\partial^2 m}{\partial x\, \partial y}\right]_1 \cdot \bar{u}\, \bar{v}^2 \\
& + \left[-\frac{1}{3}\, m \left(\frac{\partial m}{\partial x}\right)^2 + \frac{1}{6}\, m \left(\frac{\partial m}{\partial y}\right)^2 + \frac{1}{6}\, m^2 \frac{\partial^2 m}{\partial y^2}\right]_1 \cdot \bar{v}^3\,, \qquad (37)
\end{aligned}
$$

$$
\begin{aligned}
\alpha_{21} = {} & \alpha_{12} \pm 180^\circ + \left[-\frac{\partial m}{\partial y}\right]_1 \cdot \bar{u} + \left[\frac{\partial m}{dx}\right]_1 \cdot \bar{v} + \left[-\frac{1}{2}\, \frac{\partial m}{\partial x}\, \frac{\partial m}{\partial y} - \frac{1}{2}\, m\, \frac{\partial^2 m}{\partial x\, \partial y}\right]_1 \cdot \bar{u}^2 \\
& + \left[\frac{1}{2} \left(\frac{\partial m}{\partial x}\right)^2 - \frac{1}{2} \left(\frac{\partial m}{\partial y}\right)^2 + \frac{1}{2}\, m\, \frac{\partial^2 m}{\partial x^2} - \frac{1}{2}\, m\, \frac{\partial^2 m}{\partial y^2}\right]_1 \cdot \bar{u}\, \bar{v} + \left[\frac{1}{2}\, \frac{\partial m}{\partial x}\, \frac{\partial m}{dy} + \frac{1}{2}\, m\, \frac{\partial^2 m}{\partial x\, \partial y}\right]_1 \cdot \bar{v}^2\,, \qquad (38)
\end{aligned}
$$

mit

$$u = s_{12} \cdot \cos \alpha_{12}\,, \qquad \bar{v} = s_{12} \cdot \sin \alpha_{12}\,. \qquad (38a)$$

α_{12} ist also der Winkel zwischen einer Parallelen zur x-Achse und der geodätischen Linie in ihrem Ausgangspunkt. Mit

$$A_{12} = \alpha_{12} + \lambda_1$$

erhalten wir das auf den Meridian bezogene Azimut A_{12}.

Setzen wir in Gleichung (30) im Glied 4. Ordnung $(\varepsilon^2 + \varepsilon^4 + \varepsilon^6) \approx e'^2$ und im Glied 6. Ordnung $\varepsilon^2 \approx e'^2$, so erhalten wir mit (33a)

$$m = 1 + \frac{1}{4\, c^2}\,(x^2 + y^2) + \frac{1}{8\, c^4}\, e'^2\,(x^4 + 2\, x^2\, y^2 + y^4) - \frac{1}{32\, c^6}\, e'^2\,(x^6 + 3\, x^4 y^2 + 3\, x^2 y^4 + y^6)\,. \qquad (39)$$

Nachdem wir die partiellen Differentiale gebildet und in die Formeln (36), (37) und (38) eingesetzt haben, lauten die Gleichungen:

$$
\begin{aligned}
x_2 = {} & x_1 + m_1 \cdot \bar{u} + \left\{\frac{1}{4\, c^2}\, x_1 + \frac{1}{16\, c^4}\,(1 + 4\, e'^2)\, x_1^3 + \frac{1}{16\, c^4}\,(1 + 4\, e'^2)\, x_1\, y_1^2\right\} \bar{u}^2 \\
& + \left\{\frac{1}{2\, c^2}\, y_1 + \frac{1}{8\, c^4}\,(1 + 4\, e'^2)\, x_1^2\, y_1 + \frac{1}{8\, c^4}\,(1 + 4\, e'^2)\, y_1^3\right\} \bar{u}\, \bar{v} \\
& + \left\{-\frac{1}{4\, c^2}\, x_1 - \frac{1}{16\, c^4}\,(1 + 4\, e'^2)\, x_1^3 - \frac{1}{16\, c^4}\,(1 + 4\, e'^2)\, x_1\, y_1^2\right\} \bar{v}^2
\end{aligned}
$$

$$+\left\{\frac{1}{12\,c^2}+\frac{1}{12\,c^4}(1+3\,e'^2)\,x_1^2-\frac{1}{24\,c^4}(1-2\,e'^2)\,y_1^2+\frac{1}{64\,c^6}\left(1+\frac{14}{3}\,e'^2\right)x_1^4\right.$$

$$\left.-\frac{1}{16\,c^6}\,e'^2\,x_1^2\,y_1^2-\frac{1}{64\,c^6}\left(1+\frac{26}{3}\,e'^2\right)y_1^4\right\}\bar{u}^3$$

$$+\left\{\frac{1}{8\,c^4}(3+4\,e'^2)\,x_1\,y_1+\frac{1}{32\,c^6}(3+20\,e'^2)\,x_1^3\,y_1+\frac{1}{32\,c^6}(3+20\,e'^2)\,x_1\,y_1^3\right\}\bar{u}^2\,\bar{v}$$

$$+\left\{\frac{1}{12\,c^2}-\frac{1}{6\,c^4}\left(1+\frac{1}{2}\,e'^2\right)x_1^2+\frac{1}{24\,c^4}(5+10\,e'^2)\,y_1^2\right.$$

$$\left.-\frac{1}{64\,c^6}(3+22\,e'^2)\,x_1^4-\frac{1}{16\,c^6}\,e'^2\,x_1^2\,y_1^2+\frac{1}{64\,c^6}(3+18\,e'^2)\,y_1^4\right\}\bar{u}\,\bar{v}^2$$

$$+\left\{-\frac{1}{8\,c^4}\left(1+\frac{4}{3}\,e'^2\right)x_1\,y_1-\frac{1}{32\,c^6}\left(1+\frac{20}{3}\,e'^2\right)x_1^3\,y_1-\frac{1}{32\,c^6}\left(1+\frac{20}{3}\,e'^2\right)x_1\,y_1^3\right\}\bar{v}^3\,, \tag{40}$$

$$y_2=y_1+m_1\cdot\bar{v}+\left\{-\frac{1}{4\,c^2}\,y_1-\frac{1}{16\,c^4}(1+4\,e'^2)\,x_1^2\,y_1-\frac{1}{16\,c^4}(1+4\,e'^2)\,y_1^3\right\}\bar{u}^2$$

$$+\left\{\frac{1}{2\,c^2}\,x_1+\frac{1}{8\,c^4}(1+4\,e'^2)\,x_1^3+\frac{1}{8\,c^4}(1+4\,e'^2)\,x_1\,y_1^2\right\}\bar{u}\,\bar{v}$$

$$+\left\{\frac{1}{4\,c^2}\,y_1+\frac{1}{16\,c^4}(1+4\,e'^2)\,x_1^2\,y_1+\frac{1}{16\,c^4}(1+4\,e'^2)\,y_1^3\right\}v^2$$

$$+\left\{-\frac{1}{8\,c^4}\left(1+\frac{4}{3}\,e'^2\right)x_1\,y_1-\frac{1}{32\,c^6}\left(1+\frac{20}{3}\,e'^2\right)x_1^3\,y_1-\frac{1}{32\,c^6}\left(1+\frac{20}{3}\,e'^2\right)x_1\,y_1^3\right\}\bar{u}^3$$

$$+\left\{\frac{1}{12\,c^2}+\frac{1}{24\,c^4}(5+10\,e'^2)\,x_1^2-\frac{1}{6\,c^4}\left(1+\frac{1}{2}\,e'^2\right)y_1^2+\frac{1}{64\,c^6}(3+18\,e'^2)\,x_1^4\right.$$

$$\left.-\frac{1}{16\,c^6}\,e'^2\,x_1^2\,y_1^2-\frac{1}{64\,c^6}(3+22\,e'^2)\,y_1^4\right\}\bar{u}^2\,\bar{v}$$

$$+\left\{\frac{1}{8\,c^4}(3+4\,e'^2)\,x_1\,y_1+\frac{1}{32\,c^6}(3+20\,e'^2)\,x_1^3\,y_1+\frac{1}{32\,c^6}(3+20\,e'^2)\,x_1\,y_1^3\right\}\bar{u}\,\bar{v}^2$$

$$+\left\{\frac{1}{12\,c^2}-\frac{1}{24\,c^4}(1-2\,e'^2)\,x_1^2+\frac{1}{12\,c^4}(1+3\,e'^2)\,y_1^2-\frac{1}{64\,c^6}\left(1+\frac{26}{3}\,e'^2\right)x_1^4\right.$$

$$\left.-\frac{1}{16\,c^6}\,e'^2\,x_1^2\,y_1^2+\frac{1}{64\,c^6}\left(1+\frac{14}{3}\,e'^2\right)y_1^4\right\}\bar{v}^3\,, \tag{41}$$

$$\alpha_{21}=\alpha_{12}\pm 180^\circ+\left\{-\frac{1}{2\,c^2}\,y_1-\frac{1}{2\,c^4}\,e'^2\,x_1^2\,y_1-\frac{1}{2\,c^4}\,e'^2\,y_1^3+\frac{3}{16\,c^6}\,e'^2\,x_1^4\,y_1\right.$$

$$\left.+\frac{3}{8\,c^6}\,e'^2\,x_1^2\,y_1^3+\frac{3}{16\,c^6}\,e'^2\,y_1^5\right\}\bar{u}+\left\{\frac{1}{2\,c^2}\,x_1+\frac{1}{2\,c^4}\,e'^2\,x_1^3+\frac{1}{2\,c^4}\,e'^2\,x_1\,y_1^2\right.$$

$$\left.-\frac{3}{16\,c^6}\,e'^2\,x_1^5-\frac{3}{8\,c^6}\,e'^2\,x_1^3\,y_1^2-\frac{3}{16\,c^6}\,e'^2\,x_1\,y_1^4\right\}\bar{v}+\left\{-\frac{1}{8\,c^4}(1+4\,e'^2)\,x_1\,y_1\right\}\bar{u}^2$$

$$+\left\{\frac{1}{8\,c^4}(1+4\,e'^2)\,x_1^2-\frac{1}{8\,c^4}(1+4\,e'^2)\,y_1^2\right\}\bar{u}\,\bar{v}+\left\{\frac{1}{8\,c^4}(1+4\,e'^2)\,x_1\,y_1\right\}\bar{v}^2\,. \tag{42}$$

Die praktische Anwendung dieser Formeln ist wegen der Vielzahl der Koeffizienten umständlich. Deswegen wird eine Koordinatenumformung vorgenommen, genauer gesagt, eine Verdrehung des Koordinatensystems um den Winkel λ_1. Mit

$$\left.\begin{aligned}\xi_1&=x_1\cdot\cos\lambda_1-y_1\cdot\sin\lambda_1=-K_1\,,\\ \eta_1&=x_1\cdot\sin\lambda_1+y_1\cdot\cos\lambda_1=0\end{aligned}\right\} \tag{43}$$

fällt eine große Zahl von Koeffizienten weg. Die Formeln zur Übertragung der Koordinaten und des Azimuts lauten damit:

$$\xi_2 = \xi_1 + m_1 \cdot u + \left\{\frac{1}{4c^2}\xi_1 + \frac{1}{16c^4}(1+4e'^2)\xi_1^3\right\}u^2 + \left\{-\frac{1}{4c^2}\xi_1 - \frac{1}{16c^4}(1+4e'^2)\xi_1^3\right\}v^2$$
$$+\left\{\frac{1}{12c^2} + \frac{1}{12c^4}(1+3e'^2)\xi_1^2 + \frac{1}{64c^6}\left(1+\frac{14}{3}e'^2\right)\xi_1^4\right\}u^3$$
$$+\left\{\frac{1}{12c^2} - \frac{1}{6c^4}\left(1+\frac{1}{2}e'^2\right)\xi_1^2 - \frac{1}{64c^6}(3+22e'^2)\xi_1^4\right\}u\,v^2, \tag{44}$$

$$\eta_2 = \eta_1 + m_1 \cdot v + \left\{\frac{1}{2c^2}\xi_1 + \frac{1}{8c^4}(1+4e'^2)\xi_1^3\right\}u\,v +$$
$$+\left\{\frac{1}{12c^2} + \frac{1}{24c^4}(5+10e'^2)\xi_1^2 + \frac{1}{64c^6}(3+18e'^2)\xi_1^4\right\}u^2 v$$
$$+\left\{\frac{1}{12c^2} - \frac{1}{24c^4}(1-2e'^2)\xi_1^2 - \frac{1}{64c^6}\left(1+\frac{26}{3}e'^2\right)\xi_1^4\right\}v^3, \tag{45}$$

$$A_{21} = A_{12} \pm 180° + \left\{\frac{1}{2c^2}\xi_1 + \frac{1}{2c^4}e'^2\xi_1^3 - \frac{3}{16c^6}e'^2\xi_1^5\right\}v + \left\{\frac{1}{8c^4}(1+4e'^2)\xi_1^2\right\}u\,v, \tag{46}$$

mit

$$u = s_{12}\cdot\cos A_{12}, \qquad v = s_{12}\cdot\sin A_{12}, \tag{46a}$$

oder auch

$$(u) = s_{12}\cdot\cos A_{12}\cdot 10^{-6}, \qquad (v) = s_{12}\cdot\sin A_{12}\cdot 10^{-6}. \tag{46b}$$

Setzen wir noch zur Abkürzung

$$\left.\begin{aligned}
h_1 &= \left\{\frac{1}{4c^2}\xi_1 + \frac{1}{16c^4}(1+4e'^2)\xi_1^3\right\},\\
h_2 &= \left\{\frac{1}{12c^2} + \frac{1}{12c^4}(1+3e'^2)\xi_1^2 + \frac{1}{64c^6}\left(1+\frac{14}{3}e'^2\right)\xi_1^4\right\},\\
h_3 &= \left\{\frac{1}{12c^2} - \frac{1}{6c^4}\left(1+\frac{1}{2}e'^2\right)\xi_1^2 - \frac{1}{64c^6}(3+22e'^2)\right)\xi_1^4\right\},\\
h_4 &= \left\{\frac{1}{12c^2} + \frac{1}{24c^4}(5+10e'^2)\xi_1^2 + \frac{1}{64c^6}(3+18e'^2)\xi_1^4\right\},\\
h_5 &= \left\{\frac{1}{12c^2} - \frac{1}{24c^4}(1-2e'^2)\xi_1^2 - \frac{1}{64c^6}\left(1+\frac{26}{3}e'^2\right)\xi_1^4\right\},\\
h_6 &= \left\{\frac{1}{2c^2}\xi_1 + \frac{1}{2c^4}e'^2\xi_1^3 - \frac{3}{16c^6}e'^2\xi_1^5\right\},\\
h_7 &= \left\{\frac{1}{8c^4}(1+4e'^2)\xi_1^2\right\},
\end{aligned}\right\} \tag{47}$$

so erhalten wir die Übertragungsformeln

$$\left.\begin{aligned}
\xi_2 &= \xi_1 + m_1\cdot u + h_1 u^2 - h_1 v^2 + h_2 u^3 + h_3 u v^2,\\
\eta_2 &= \eta_1 + m_1\cdot v + 2h_1 u v + h_4 u^2 v + h_5 v^3,
\end{aligned}\right\} \tag{48}$$

$$A_{21} = A_{12} \pm 180° + \Delta\lambda + h_6 v + h_7 u v. \tag{48a}$$

Wir bekommen

$$\operatorname{tg}\Delta\lambda = \frac{\eta_2}{-\xi_2}, \qquad \lambda_2 = \lambda_1 + \Delta\lambda, \tag{49}$$

und

$$K_2 = \frac{-\xi_2}{\cos\Delta\lambda} = \frac{\eta_2}{\sin\Delta\lambda}, \tag{49a}$$

und daraus π_2 bzw. φ_2.

Lösung der zweiten geodätischen Hauptaufgabe (inverses Problem)

Auch hier wird die Auflösung im System der ebenen stereographischen Koordinaten durchgeführt. Dazu brauchen wir die Entfernungs- und die Richtungsreduktion. In der Entwicklung für den Mittelpunkt der geradlinigen Verbindung der beiden Endpunkte in der Ebene sind die Formeln auch hierfür bei HRISTOW [3], (S. 199, 200) angegeben. Sie lauten für die Entfernungsreduktion:

$$\frac{d_{12}}{s_{12}} = [m]_m + \left[-\frac{1}{12\,m}\left(\frac{\partial m}{\partial x}\right)^2 + \frac{1}{24\,m}\left(\frac{\partial m}{\partial y}\right)^2 + \frac{1}{24}\frac{\partial^2 m}{\partial x^2}\right]_m \cdot \Delta x^2$$
$$+ \left[-\frac{1}{4\,m}\frac{\partial m}{\partial x}\frac{\partial m}{\partial y} + \frac{1}{12}\frac{\partial^2 m}{\partial x\,\partial y}\right]_m \cdot \Delta x\,\Delta y + \left[\frac{1}{24\,m}\left(\frac{\partial m}{\partial x}\right)^2 - \frac{1}{12\,m}\left(\frac{\partial m}{\partial y}\right)^2 + \frac{1}{24}\frac{\partial^2 m}{\partial y^2}\right]_m \cdot \Delta y^2 . \quad (50)$$

Hier bedeuten d_{12} die aus den ebenen stereographischen Koordinaten berechnete Entfernung zwischen den Punkten und s_{12} die Länge der geodätischen Linie, die wir suchen.

Für die Richtungsreduktion finden wir:

$$\alpha_{12} - t_{12} = \left[\frac{1}{2\,m}\frac{\partial m}{\partial y}\right]_m \cdot \Delta x + \left[-\frac{1}{2\,m}\frac{\partial m}{\partial x}\right]_m \cdot \Delta y + \left[-\frac{1}{12\,m}\frac{\partial^2 m}{\partial x\,\partial y}\right]_m \cdot \Delta x^2$$
$$+ \left[\frac{1}{12\,m}\frac{\partial^2 m}{\partial x^2} - \frac{1}{12\,m}\frac{\partial^2 m}{\partial y^2}\right]_m \cdot \Delta x\,\Delta y + \left[\frac{1}{12\,m}\frac{\partial^2 m}{\partial x\,\partial y}\right]_m \cdot \Delta y^2 . \quad (51)$$

α_{12} stellt die Richtung der Tangente an das Bild der geodätischen Linie dar, während t_{12} die Richtung der geradlinigen Verbindung zwischen ihren Endpunkten im ebenen System ist.

Die Entwicklungen beziehen sich auf den Punkt mit den Koordinaten

$$x_m = \frac{1}{2}(x_1 + x_2)\,, \qquad y_m = \frac{1}{2}(y_1 + y_2)\,, \quad (52)$$

und es gilt weiterhin

$$\Delta x = x_2 - x_1\,, \qquad \Delta y = y_2 - y_1\,. \quad (53)$$

Betrachten wir zunächst die Entfernungsreduktion. Setzen wir m nach (39) und seine partiellen Ableitungen in (50) ein, so erhalten wir:

$$\frac{d_{12}}{s_{12}} = [m]_m + \left\{\frac{1}{48\,c^2} - \frac{1}{48\,c^4}(1 - 3\,e'^2)\,x_m^2 + \frac{1}{96\,c^4}(1 + 2\,e'^2)\,y_m^2 + \frac{1}{192\,c^6}\left(1 - \frac{31}{2}\,e'^2\right)x_m^4\right.$$
$$\left. + \frac{1}{384\,c^6}(1 - 32\,e'^2)\,x_m^2\,y_m^2 - \frac{1}{384\,c^6}(1 + 5\,e'^2)\,y_m^4\right\}\Delta x^2 + \left\{-\frac{1}{16\,c^4}\left(1 - \frac{4}{3}\,e'^2\right)x_m\,y_m\right.$$
$$\left. + \frac{1}{64\,c^6}(1 - 12\,e'^2)\,x_m^3\,y_m + \frac{1}{64\,c^6}(1 - 12\,e'^2)\,x_m\,y_m^3\right\}\Delta x\,\Delta y$$
$$+ \left\{\frac{1}{48\,c^2} + \frac{1}{96\,c^4}(1 + 2\,e'^2)\,x_m^2 - \frac{1}{48\,c^4}(1 - 3\,e'^2)\,y_m^2 - \frac{1}{384\,c^6}(1 - 5\,e'^2)\,x_m^4\right.$$
$$\left. + \frac{1}{384\,c^6}(1 - 32\,e'^2)\,x_m^2\,y_m^2 + \frac{1}{192\,c^6}\left(1 - \frac{31}{2}\,e'^2\right)y_m^4\right\}\Delta y^2 . \quad (54)$$

Auch hier wird durch eine große Zahl von Koeffizienten die Auswertung umständlich. Wir drehen das Koordinatensystem deswegen hier ebenfalls und verwenden als neue Koordinatenachse den durch den Punkt x_m, y_m gehenden Meridian. Wir bekommen

$$\operatorname{tg}\lambda_m = \frac{y_m}{-\,x_m}\,, \quad (55)$$

$$K_m = \frac{y_m}{\sin\lambda_m} = \frac{-\,x_m}{\cos\lambda_m}\,, \quad (56)$$

und

$$\left.\begin{aligned}\bar{\xi}_m &= x_m \cdot \cos\lambda_m - y_m \cdot \sin\lambda_m = -K_m\,,\\ \bar{\eta}_m &= x_m \cdot \sin\lambda_m + y_m \cdot \cos\lambda_m = 0\,.\end{aligned}\right\} \tag{57}$$

Die $\bar{\xi}$, $\bar{\eta}$-Koordinaten der beiden gegebenen Punkte ergeben sich aus

$$\left.\begin{aligned}\bar{\xi}_1 &= -K_1 \cdot \cos L_1\,, & \bar{\xi}_2 &= -K_2 \cdot \cos L_2\,,\\ \eta_1 &= K_1 \cdot \sin L_1\,, & \bar{\eta}_2 &= K_2 \cdot \sin L_2\,,\end{aligned}\right\} \tag{57a}$$

mit

$$L_1 = \lambda_1 - \lambda_m\,, \qquad L_2 = \lambda_2 - \lambda_m\,. \tag{57b}$$

Damit erhalten wir für die Entfernungsreduktion

$$\begin{aligned}\frac{d_{12}}{s_{12}} = [m]_m &+ \left\{\frac{1}{48\,c^2} - \frac{1}{48\,c^4}(1-3\,e'^2)\,\bar{\xi}_m^2 + \frac{1}{192\,c^6}\left(1 - \frac{31}{2}\,e'^2\right)\bar{\xi}_m^4\right\} \Delta\bar{\xi}^2\\ &+ \left\{\frac{1}{48\,c^2} + \frac{1}{96\,c^4}(1+2\,e'^2)\,\bar{\xi}_m^2 - \frac{1}{384\,c^6}(1-5\,e'^2)\,\bar{\xi}_m^4\right\} \Delta\bar{\eta}^2\,.\end{aligned} \tag{58}$$

Setzen wir noch zur Abkürzung

$$\left.\begin{aligned}H_1 &= \left\{\frac{1}{48\,c^2} - \frac{1}{48\,c^4}(1-3\,e'^2)\,\bar{\xi}_m^2 + \frac{1}{192\,c^6}\left(1 - \frac{31}{2}\,e'^2\right)\bar{\xi}_m^4\right\},\\ H_2 &= \left\{\frac{1}{48\,c^2} + \frac{1}{96\,c^4}(1+2\,e'^2)\,\bar{\xi}_m^2 - \frac{1}{384\,c^6}(1-5\,e'^2)\,\bar{\xi}_m^4\right\},\end{aligned}\right\} \tag{59}$$

so ergibt sich

$$\frac{d_{12}}{s_{12}} = [m]_m + H_1 \cdot \Delta\bar{\xi}^2 + H_2 \cdot \Delta\bar{\eta}^2\,, \tag{60}$$

mit

und

$$\left.\begin{aligned}\Delta\bar{\xi} &= \bar{\xi}_2 - \bar{\xi}_1\,, \qquad \Delta\bar{\eta} = \bar{\eta}_2 - \bar{\eta}_1\\ d_{12}^2 &= \Delta\bar{\xi}^2 + \Delta\bar{\eta}^2\,.\end{aligned}\right\} \tag{60a}$$

Wir wollen nun zur Richtungsreduktion übergehen. Setzen wir die betreffenden Ausdrücke in (51) ein, so erhalten wir

$$\begin{aligned}\alpha_{12} - t_{12} = &\left\{\frac{1}{4\,c^2}\,y_m - \frac{1}{16\,c^4}(1-4\,e'^2)\,x_m^2\,y_m - \frac{1}{16\,c^4}(1-4\,e'^2)\,y_m^3 + \frac{1}{64\,c^6}\,x_m^4\,y_m\right.\\ &\left.+ \frac{1}{32\,c^6}\,x_m^2\,y_m^3 + \frac{1}{64\,c^6}\,y_m^5\right\}\Delta x + \left\{-\frac{1}{4\,c^2}\,x_m + \frac{1}{16\,c^4}(1-4\,e'^2)\,x_m^3\right.\\ &\left.+ \frac{1}{16\,c^4}(1-4\,e'^2)\,x_m\,y_m^2 - \frac{1}{64\,c^6}\,x_m^5 - \frac{1}{32\,c^6}\,x_m^3\,y_m^2 - \frac{1}{64\,c^6}\,x_m\,y_m^4\right\}\Delta y\\ &+ \left\{-\frac{1}{12\,c^4}\,e'^2\,x_m\,y_m + \frac{1}{12\,c^6}\,e'^2\,x_m^3\,y_m + \frac{1}{12\,c^6}\,e'^2\,x_m\,y_m^3\right\}\Delta x^2\\ &+ \left\{\frac{1}{12\,c^4}\,e'^2\,x_m^2 - \frac{1}{12\,c^4}\,e'^2\,y_m^2 - \frac{1}{12\,c^6}\,e'^2\,x_m^4 + \frac{1}{12\,c^6}\,e'^2\,y_m^4\right\}\Delta x\,\Delta y\\ &+ \left\{\frac{1}{12\,c^4}\,e'^2\,x_m\,y_m - \frac{1}{12\,c^6}\,e'^2\,x_m^3\,y_m - \frac{1}{12\,c^6}\,e'^2\,x_m\,y_m^3\right\}\Delta y^2\,.\end{aligned} \tag{61}$$

Führen wir auch hier die oben geschilderte Umformung durch, so bekommen wir

$$\begin{aligned}\bar{\alpha}_{12} - \tau_{12} = &\left\{-\frac{1}{4\,c^2}\,\bar{\xi}_m + \frac{1}{16\,c^4}(1-4\,e'^2)\,\bar{\xi}_m^3 - \frac{1}{64\,c^6}\,\bar{\xi}_m^5\right\}\Delta\bar{\eta}\\ &+ \left\{\frac{1}{12\,c^4}\,e'^2\,\bar{\xi}_m^2 - \frac{1}{12\,c^6}\,e'^2\,\bar{\xi}_m^4\right\}\Delta\bar{\xi} \cdot \Delta\bar{\eta}\,.\end{aligned} \tag{62}$$

Wir führen neue Abkürzungen ein:

$$H_3 = \left\{-\frac{1}{4\,c^2}\,\bar{\xi}_m + \frac{1}{16\,c^4}\,(1 - 4\,e'^2)\,\bar{\xi}_m^3 - \frac{1}{64\,c^6}\,\bar{\xi}_m^5\right\}, \quad H_4 = \left\{\frac{1}{12\,c^4}\,e'^2\,\bar{\xi}_m^2 - \frac{1}{12\,c^6}\,e'^2\,\bar{\xi}_m^4\right\}, \tag{63}$$

und so wird schließlich

$$\bar{\alpha}_{12} - \tau_{12} = H_3 \cdot \Delta\bar{\eta} + H_4 \cdot \Delta\bar{\xi} \cdot \Delta\bar{\eta}\,, \tag{64}$$

mit

$$\operatorname{tg} \tau_{12} = \frac{\Delta\bar{\eta}}{\Delta\bar{\xi}}\,. \tag{64a}$$

Die Richtungsreduktion im 2. Endpunkt lautet

$$\bar{\alpha}_{21} - \tau_{21} = -H_3 \cdot \Delta\bar{\eta} + H_4 \cdot \Delta\bar{\xi} \cdot \Delta\bar{\eta}\,. \tag{65}$$

Fügen wir wieder L_1 und L_2 hinzu, so erhalten wir die beiden Azimute

$$A_{12} = \tau_{12} + (\bar{\alpha}_{12} - \tau_{12}) + L_1\,, \qquad A_{21} = \tau_{21} + (\bar{\alpha}_{21} - \tau_{21}) + L_2\,, \tag{66}$$

mit

$$\tau_{21} = \tau_{12} \pm 180^\circ\,. \tag{66a}$$

Bis hierher gelten die Formeln ganz allgemein für ein beliebiges Rotationsellipsoid. Wir wollen sie noch für das Ellipsoid von Krassowski mit

$$a = 6\,378\,245 \text{ m}\,, \qquad \alpha = 1:298{,}3$$

und das internationale Ellipsoid mit

$$a = 6\,378\,388 \text{ m}, \qquad \alpha = 1:297$$

auswerten.

Für das Ellipsoid von Krassowski lauten die Koeffizienten $h_1, \ldots, h_7$, Gleichungen (47) numerisch

$$\left.\begin{aligned}
h_1 &= \{0{,}0061\;0408\;9965\;(\xi_1) + 0{,}0000\;3826\;4222\;(\xi_1)^3\}\,,\\
h_2 &= \{0{,}0020\;3469\;6655 + 0{,}0000\;5068\;4194\;(\xi_1)^2 + 0{,}0000\;0023\;4590\;(\xi_1)^4\}\,,\\
h_3 &= \{0{,}0020\;3469\;6655 - 0{,}0000\;9969\;4540\;(\xi_1)^2 - 0{,}0000\;0071\;6031\;(\xi_1)^4\}\,,\\
h_4 &= \{0{,}0020\;3469\;6655 + 0{,}0001\;2587\;3561\;(\xi_1)^2 + 0{,}0000\;0070\;9901\;(\xi_1)^4\}\,,\\
h_5 &= \{0{,}0020\;3469\;6655 - 0{,}0000\;2450\;5174\;(\xi_1)^2 - 0{,}0000\;0024\;0721\;(\xi_1)^4\}\,,\\
h_6 &= \{2518{,}''\;1178\;68\;(\xi_1) + 0{,}''\;4143\;07\;(\xi_1)^3 - 0{,}''0037\;93\;(\xi_1)^5\}\,,\\
h_7 &= +\,15{,}''7851\;25\;(\xi_1)^2\,,
\end{aligned}\right\} \tag{67}$$

mit

$$(\xi_1) = \xi_1 \cdot 10^{-6}\,, \tag{67a}$$

und für die Koeffizienten H_1, H_2 nach (59) und H_3, H_4 nach (63) ergibt sich

$$\left.\begin{aligned}
H_1 &= (+\,0{,}0005\;0867\;42 - 0{,}0000\;1216\;89\;(\bar{\xi}_m)^2 + 0{,}0000\;0006\;79\;(\bar{\xi}_m)^4)\,,\\
H_2 &= (+\,0{,}0005\;0867\;42 + 0{,}0000\;0629\;37\;(\bar{\xi}_m)^2 - 0{,}0000\;0003\;66\;(\bar{\xi}_m)^4)\,,\\
H_3 &= (-\,1259{,}''0590\;(\bar{\xi}_m) + 7{,}''4783\;(\bar{\xi}_m)^3 - 0{,}''0469\;(\bar{\xi}_m)^5)\,,\\
H_4 &= (+\,0{,}''0691\;(\bar{\xi}_m)^2 - 0{,}''0017\;(\bar{\xi}_m)^4)\,,
\end{aligned}\right\} \tag{68}$$

mit

$$(\bar{\xi}_m) = \bar{\xi}_m \cdot 10^{-6}\,. \tag{68a}$$

In den Tafeln 2 und 3 des Anhangs sind diese Koeffizienten numerisch dargestellt.

Es folgen die Zahlenwerte für das internationale Ellipsoid; nach (47):

$$\left.\begin{aligned}
h_1 &= \{0{,}0061\,0363\,6537\,(\xi_1) + 0{,}0000\,3826\,2955\,(\xi_1)^3\}\,,\\
h_2 &= \{0{,}0020\,3454\,5512 + 0{,}0000\,5068\,1082\,(\xi_1)^2 + 0{,}0000\,0023\,4569\,(\xi_1)^4\}\,,\\
h_3 &= \{0{,}0020\,3454\,5512 - 0{,}0000\,9968\,1205\,(\xi_1)^2 - 0{,}0000\,0071\,6020\,(\xi_1)^4\}\,,\\
h_4 &= \{0{,}0020\,3454\,5512 + 0{,}0001\,2586\,2225\,(\xi_1)^2 + 0{,}0000\,0070\,9863\,(\xi_1)^4\}\,,\\
h_5 &= \{0{,}0020\,3454\,5512 - 0{,}0000\,2450\,0061\,(\xi_1)^2 - 0{,}0000\,0024\,0725\,(\xi_1)^4\}\,,\\
h_6 &= \{2517{,}''9308\,14\,(\xi_1) + 0{,}''4160\,67\,(\xi_1)^3 - 0{,}''0038\,09\,(\xi_1)^5\}\,,\\
h_7 &= \;15{,}7846\,02\,(\xi_1)^2\,,
\end{aligned}\right\}\quad (69)$$

mit

$$(\xi_1) = \xi_1 \cdot 10^{-6}\,, \qquad (69a)$$

und die Werte nach den Formeln (59) und (63):

$$\left.\begin{aligned}
H_1 &= \{0{,}0005\,0863\,64 - 0{,}0000\,1216\,60\,(\bar{\xi}_m)^2 + 0{,}0000\,0006\,78\,(\bar{\xi}_m)^4\}\,,\\
H_2 &= \{0{,}0005\,0863\,64 + 0{,}0000\,0629\,31\,(\bar{\xi}_m)^2 - 0{,}0000\,0003\,66\,(\bar{\xi}_m)^4\}\,,\\
H_3 &= \{-\,1258{,}''9654\,07\,(\bar{\xi}_m) + 7{,}''4762\,34\,(\bar{\xi}_m)^3 - 0{,}''0469\,02\,(\bar{\xi}_m)^5\}\,,\\
H_4 &= \{0{,}''0693\,45\,(\bar{\xi}_m)^2 - 0{,}''0016\,93\,(\bar{\xi}_m)^4\}\,,
\end{aligned}\right\}\quad (70)$$

mit

$$(\bar{\xi}_m) = \bar{\xi}_m \cdot 10^{-6}\,. \qquad (70a)$$

Diese Koeffizienten sind in den Tafeln 2a und 3a des Anhangs wiedergegeben.

Die nach Formel (22) berechneten Werte von K sind für das Ellipsoid von KRASSOWSKI im Abstand von 1′ vom Pol bis zur Breite $\varphi = 80°$ ($\pi = 10°$) in Tafel 1 des Anhangs dargestellt, für das internationale Ellipsoid im gleichen Umfang in Tafel 1a.

Aus der dritten Gleichung (23) wurde der Maßstab m berechnet und in Tafel 4 des Anhangs aufgeführt. Der Maßstab ist nur in den Gliedern höherer Ordnung von den Parametern des Ellipsoids abhängig, die in der Tafel 4 enthaltenen Werte können deswegen mit genügender Genauigkeit für beide Ellipsoide verwendet werden.

Die Berechnung der ersten geodätischen Hauptaufgabe gestaltet sich demnach folgendermaßen:

Mit der gegebenen Breite des Ausgangspunktes wird aus der Tafel K bestimmt, welches nach (31) und (43) gleichzeitig die negative Abszisse der umgeformten stereographischen Koordinaten darstellt. Aus der entsprechenden Tafel werden die Koeffizienten h_1 bis h_7 entnommen, nach den Formeln (46b) die Werte (u) und (v) und deren Potenzen berechnet, woraus man dann mit (48) die Koordinaten des gesuchten Punktes im ξ—η-System erhält. Wie in den Formeln (49) und (49a) angegeben, ergeben sich λ_2 und K_2 und damit auch π_2 bzw. φ_2. Schließlich wird noch das Gegenazimut A_{21} nach (48a) berechnet, womit die Aufgabe gelöst ist. Der in den Formeln (48) auftretende Maßstab m ist wie K eine Funktion von π und in Tafel 4 aufgeführt.

Der Rechengang für die Auflösung der zweiten Hauptaufgabe ist folgender:

Die gegebenen Koordinaten φ_1, λ_1 und φ_2, λ_2 bzw. π_1, λ_1 und π_2, λ_2 werden entsprechend (31) in stereographische Koordinaten umgeformt. Dann werden nach den Formeln (52), (55), (56), (57), (57a), (57b) mit Hilfe des Punktes x_m, y_m die Koordinaten im $\bar{\xi}$—$\bar{\eta}$-System ermittelt. Aus der entsprechenden Tafel erhalten wir die Zahlenwerte für H_1 bis H_4 und mit ihnen nach den Formeln (60) und (60a) die Länge der geodätischen Linie s_{12} aus der Beziehung

$$s_{12} = d_{12} : \frac{d_{12}}{s_{12}}\,. \qquad (71)$$

Mit (64), (64a) und (65) bekommen wir nach (66) und (66a) die beiden Azimute. Damit ist auch diese Aufgabe gelöst.

Als Abschluß dieser Arbeit wird für die Berechnung der beiden Hauptaufgaben je ein Beispiel aufgeführt.

Die numerischen Werte der Koeffizienten und die Ausdehnung der Formelentwicklungen garantieren bei maximalen Seiten von 100 km und einem maximalen Polabstand von 10° eine Genauigkeit von 0,''001 in Breite und Länge bzw. 0,''01 im Azimut bei der ersten Hauptaufgabe und eine Genauigkeit von 1 cm für die Länge der geodätischen Linie und 0,''03 für die Azimute bei der zweiten Hauptaufgabe. Eine Steigerung der Genauigkeit läßt sich hier erzielen, wenn die Koeffizienten H_i nach den Formeln (59) und (63) direkt gerechnet und nicht aus den Tafeln des Anhangs entnommen werden.

Die Berechnung der Tafeln führte der wissenschaftliche Rechner S. Herrmann aus.

Numerische Beispiele

1. Hauptaufgabe

Gegeben: $\varphi_1 = 81°\ 21'\ 35,''964$, $\lambda_1 = 310°\ 45'\ 27,''306$, $s_{12} = 102\ 438{,}742$ m, $A_{12} = 112°\ 14'\ 07,''68$.

Gesucht: φ_2, λ_2, A_{21}.

π_1	$= 8°\ 38'\ 24,''036 = 8°\ 38,'4006$
K_1	$= 966\ 811{,}963$
ξ_1	$= -\ 966\ 811{,}963$
η_1	$= 0$
aus Tafel 2	
h_1	$= -\ 0{,}0059\ 3609$
h_2	$= +\ 0{,}0020\ 823$
h_3	$= +\ 0{,}0019\ 409$
h_4	$= +\ 0{,}0021\ 530$
h_5	$= +\ 0{,}0020\ 115$
h_6	$= -\ 2434,''9185$
h_7	$= +\ 14,''76$
$s_{12} \cdot 10^{-6}$	$= +\ 0{,}1024\ 3874\ 2$
$\cos A_{12}$	$= -\ 0{,}3784\ 1384$
$\sin A_{12}$	$= +\ 0{,}9256\ 3652$
(u)	$= -\ 0{,}0387\ 6423\ 8$
(v)	$= +\ 0{,}0948\ 2104\ 1$
$(u)^2$	$= +\ 0{,}0015\ 0266\ 6$
$(u)\ (v)$	$= -\ 0{,}0036\ 7566\ 5$
$(v)^2$	$= +\ 0{,}0089\ 9103\ 0$
$(u)^3$	$= -\ 0{,}0000\ 5825$
$(u)^2\ (v)$	$= +\ 0{,}0001\ 4248$
$(u)\ (v)^2$	$= -\ 0{,}0003\ 4853$
$(v)^3$	$= +\ 0{,}0008\ 5254$
m_1	$= 1{,}0057\ 0609$
(ξ_1)	$= -\ 0{,}9668\ 1196\ 30$
$m_1(u)$	$= -\ 0{,}0389\ 8543\ 02$
$h_1(u)^2$	$= -\ 892\ 00$
$-\ h_1(v)^2$	$= +\ 5337\ 16$
$h_2(u)^3$	$= -\ 12\ 13$
$h_3(u)\ (v)^2$	$= -\ 67\ 65$
(ξ_2)	$= -\ 1{,}0057\ 5373\ 94$

(η_1)	$= 0$
$m_1(v)$	$= +\ 0{,}0953\ 6209\ 84$
$2\ h_1(u)\ (v)$	$= +\ 4363\ 82$
$h_4(u)^2\ (v)$	$= +\ 30\ 68$
$h_5(v)^3$	$= +\ 171\ 49$
(η_2)	$= +\ 0{,}0954\ 0775\ 83$
ξ_2	$= -\ 1\ 005\ 753{,}739$
η_2	$= +\ 95\ 407{,}758.$
$\operatorname{tg} \Delta\lambda$	$= +\ 0{,}0948\ 6194\ 71$
$\Delta\lambda$	$= 5°25'08,''303\ 9$
λ_1	$= 310°45'27,''306$
λ_2	$= 316°10'35,''610$
$\cos \Delta\lambda$	$= +\ 0{,}9955\ 3074\ 64$
$\sin \Delta\lambda$	$= +\ 0{,}0944\ 3798\ 52$
K_2	$= 1\ 010\ 268{,}887$
π_2	$= 9°01,'6115\ 74$
π_2	$= 9°01'35,''694\ 4$
φ_2	$= 80°58'23,''306$
$A_{12}+180°$	$= +\ 292°14'07,''68$
$\Delta\lambda$	$= +\ 5°25'08,''304$
$h_6(v)$	$= -\ 3'50,''882$
$h_7(u)\ (v)$	$= -\ 0,''054$
A_{21}	$= 297°35'25,''048$

Ergebnisse: $\varphi_2 = 80°\ 58'\ 23,''306$
$\lambda_2 = 316°\ 10'\ 35,''610$
$A_{21} = 297°\ 35'\ 25,''05$

2. Hauptaufgabe

Gegeben: $\varphi_1 = 81^\circ\,21'\,35{,}''964$, $\varphi_2 = 80^\circ\,58'\,23{,}''306$,

$\lambda_1 = 310^\circ\,45'\,27{,}''306$, $\lambda_2 = 316^\circ\,10'\,35{,}''610$.

Gesucht: s_{12}, A_{12}, A_{21}.

π_1	$= 8^\circ 38' 24{,}''036 = 8^\circ 38{,}'4006$
K_1	$= 966\,811{,}963$
$\cos\lambda_1$	$= +\,0{,}6528\,6003\,56$
$\sin\lambda_1$	$= -\,0{,}7574\,7856\,33$
x_1	$= -\,631\,192{,}893$
y_1	$= -\,732\,339{,}337$
π_2	$= 9^\circ 01' 36{,}''694 = 9^\circ 01{,}'6115\,667$
K_2	$= 1\,010\,268{,}873$
$\cos\lambda_2$	$= +\,0{,}7214\,7698\,82$
$\sin\lambda_2$	$= -\,0{,}6924\,3841\,38$
x_2	$= -\,728\,885{,}744$
y_2	$= -\,699\,548{,}976$
x_m	$= -\,680\,039{,}318$
y_m	$= -\,715\,944{,}156$
$\operatorname{tg}\lambda_m$	$= -\,1{,}0527\,9817\,95$
λ_m	$= 313^\circ 31' 36{,}''017\,4$
$\cos\lambda_m$	$= +\,0{,}6886\,9216\,69$
$\sin\lambda_m$	$= -\,0{,}7250\,5385\,96$
K_m	$= 987\,435{,}825$
$\bar\xi_m$	$= -\,987\,435{,}825$
$\bar\eta_m$	$= 0$
L_1	$= -\,2^\circ 46' 08{,}''711\,4$
$\cos L_1$	$= +\,0{,}9988\,3234\,85$
$\sin L_1$	$= -\,0{,}0483\,1086\,45$
L_2	$= +\,2^\circ 38' 59{,}''592\,6$
$\cos L_2$	$= +\,0{,}9989\,3069\,41$
$\sin L_2$	$= +\,0{,}0462\,3276\,46$
$\bar\xi_1$	$= -\,965\,683{,}064$
$\bar\xi_2$	$= -\,1\,009\,188{,}587$
$\Delta\bar\xi$	$= -\,43\,505{,}523$
$\bar\eta_1$	$= -\,46\,707{,}522$
$\bar\eta_2$	$= +\,46\,707{,}523$
$\Delta\bar\eta$	$= +\,93\,415{,}045$

$(\Delta\bar\xi)$	$= -\,0{,}0435\,0552\,3$
$(\Delta\bar\eta)$	$= +\,0{,}0934\,1504\,5$
$(\Delta\bar\xi)^2$	$= +\,0{,}0018\,9273$
$(\Delta\bar\xi)\,(\Delta\bar\eta)$	$= -\,0{,}0040\,6407$
$(\Delta\bar\eta)^2$	$= +\,0{,}0087\,2637$

aus den Tafeln 3, 4 und 1

H_1	$= +\,0{,}0004\,9686$
H_2	$= +\,0{,}0005\,1478$
H_3	$= +\,1236{,}''0836$
H_4	$= +\,0{,}''0658$
$[m]_m$	$= 1{,}0059\,5215$
$[m]_{\bar m}$	$= 1{,}0059\,5215$
$H_1(\Delta\bar\xi)^2$	$= +\,94.0$
$H_2(\Delta\bar\eta)^2$	$= +\,449.2$
$\dfrac{d_{12}}{s_{12}}$	$= 1{,}0059\,5758$
d_{12}	$= 103\,049{,}023$
s_{12}	$= 102\,438{,}736$
$\operatorname{tg}\tau_{12}$	$= -\,2{,}1471\,9968$
τ_{12}	$= 114^\circ 58' 20{,}''900\,4$
τ_{21}	$= 294^\circ 58' 20{,}''900\,4$
$\pm H_3\cdot\Delta\bar\eta$	$= \pm\,115{,}''468\,8$
$H_4\cdot\Delta\bar\xi\cdot\Delta\bar\eta$	$= -\,3$
$\bar\alpha_{12}-\tau_{12}$	$= +\,115{,}''468\,5$
$\bar\alpha_{21}-\tau_{21}$	$= -\,115{,}''469\,1$
τ_{12}	$= 114^\circ 58' 20{,}''900\,4$
$\bar\alpha_{12}-\tau_{12}$	$= +\,1' 55{,}''468\,5$
L_1	$= -\,2^\circ 46' 08{,}''711\,4$
A_{12}	$= 112^\circ 14' 07{,}''657\,5$
τ_{21}	$= 294^\circ 58' 20{,}''900\,4$
$\bar\alpha_{21}-\tau_{21}$	$= -\,1' 55{,}''469\,1$
L_2	$= +\,2^\circ 38' 59{,}''592\,6$
A_{21}	$= 297^\circ 35' 25{,}''023\,9$

Ergebnisse: $s_{12} = 102\,438{,}736$ m

$A_{12} = 112^\circ\,14'\,07{,}''66$

$A_{21} = 297^\circ\,35'\,25{,}''02$

Literaturverzeichnis

[1] GAUSS, C. F.: Allgemeine Auflösung der Aufgabe: die Teile einer gegebenen Fläche auf einer anderen gegebenen Fläche so abzubilden, daß die Abbildung dem Abgebildeten in den kleinsten Teilen ähnlich wird. Astronomische Abhandlungen, 3. Heft, Altona 1825.

[2] KRÜGER, L.: Zur stereographischen Projektion. Veröff. d. Preuß. Geodät. Inst. Potsdam, Neue Folge, Nr. 89, Berlin 1922.

[3] HRISTOW, WL. K.: Allgemeine Theorie der Anwendungen von Koordinaten in der Geodäsie (russ.). Arb. d. Zentrallaboratoriums für Geodäsie, Nr. 4, Sofia 1959.

[4] HRISTOW, WL. K.: Tafeln zur geodätischen Übertragung mit der Rechenmaschine von geographischen Koordinaten auf dem Ellipsoid von F. N. Krassowsky für alle Breiten. Arb. d. Zentrallaboratoriums für Geodäsie, Nr. 2, Sofia 1957.

[5] HRISTOW, WL. K.: Tafeln zur Maschinenberechnung der inversen geodätischen Hauptaufgabe für geographische Koordinaten auf dem Ellipsoid von F. N. Krassowsky für alle Breiten. Arb. d. Zentrallaboratoriums für Geodäsie, Nr. 3, Sofia 1958.

[6] GROSSMANN, W.: Entwicklung und Transformation ebener querachsiger Koordinaten. Zs. f. Verm.-Wesen (1934), S. 481–501, 529–545.

[7] LEHMANN, G.: Über die Lagrangeschen Projektionen. Zs. f. Verm.-Wesen (1939), S. 329–344, 361–376, 425–432.

[8] HUNGER, F.: Beitrag zur konformen Abbildung von Großräumen in der Geodäsie. Sonderheft 26 zu den „Nachrichten aus dem Reichsvermessungsdienst“, Berlin 1943.

[9] DRAHEIM, H.: Allgemeine Formeln zur Berechnung der Richtungsreduktionen und der Längenreduktion ausgewählter konformer Abbildungen. Veröff. d. Dt. Geod. Komm., Reihe C, Nr. 7, 1953.

Tafeln

π	K (0°)	0 / d	K (1°)	5 / d	K (2°)	10 / d	π
0'	0	1 861,597	111 698,538	1 861,735	223 413,403	1 862,145	0'
1	1 861,597	1 861,597	113 560,273	1 861,740	225 275,548	1 862,155	1
2	3 723,194	1 861,597	115 422,013	1 861,745	227 137,703	1 862,164	2
3	5 584,791	1 861,598	117 283,758	1 861,749	228 999,867	1 862,174	3
4	7 446,389	1 861,597	119 145,507	1 861,754	230 862,041	1 862,183	4
5	9 307,986	1 861,598	121 007,261	1 861,759	232 724,224	1 862,192	5
6	11 169,584	1 861,599	122 869,020	1 861,764	234 586,416	1 862,202	6
7	13 031,183	1 861,599	124 730,784	1 861,769	236 448,618	1 862,211	7
8	14 892,782	1 861,600	126 592,553	1 861,775	238 310,829	1 862,221	8
9	16 754,382	1 861,600	128 454,328	1 861,779	240 173,050	1 862,231	9
10	18 615,982	1 861,601	130 316,107	1 861,785	242 035,281	1 862,241	10
11	20 477,583	1 861,602	132 177,892	1 861,790	243 897,522	1 862,250	11
12	22 339,185	1 861,603	134 039,682	1 861,796	245 759,772	1 862,261	12
13	24 200,788	1 861,604	135 901,478	1 861,801	247 622,033	1 862,270	13
14	26 062,392	1 861,605	137 763,279	1 861,806	249 484,303	1 862,281	14
15	27 923,997	1 861,606	139 625,085	1 861,813	251 346,584	1 862,291	15
16	29 785,603	1 861,607	141 486,898	1 861,818	253 208,875	1 862,301	16
17	31 647,210	1 861,609	143 348,716	1 861,824	255 071,176	1 862,312	17
18	33 508,819	1 861,609	145 210,540	1 861,830	256 933,488	1 862,322	18
19	35 370,428	1 861,612	147 072,370	1 861,836	258 795,810	1 862,332	19
20	37 232,040	1 861,613	148 934,206	1 861,841	260 658,142	1 862,343	20
21	39 093,653	1 861,614	150 796,047	1 861,848	262 520,485	1 862,354	21
22	40 955,267	1 861,616	152 657,895	1 861,855	264 382,839	1 862,365	22
23	42 816,883	1 861,618	154 519,750	1 861,860	266 245,204	1 862,375	23
24	44 678,501	1 861,620	156 381,610	1 861,867	268 107,579	1 862,386	24
25	46 540,121	1 861,621	158 243,477	1 861,873	269 969,965	1 862,398	25
26	48 401,742	1 861,624	160 105,350	1 861,880	271 832,363	1 862,408	26
27	50 263,366	1 861,625	161 967,230	1 861,886	273 694,771	1 862,419	27
28	52 124,991	1 861,628	163 829,116	1 861,893	275 557,190	1 862,431	28
29	53 986,619	1 861,630	165 691,009	1 861,900	277 419,621	1 862,441	29
30	55 848,249	1 861,632	167 552,909	1 861,906	279 282,062	1 862,454	30
31	57 709,881	1 861,634	169 414,815	1 861,913	281 144,516	1 862,464	31
32	59 571,515	1 861,637	171 276,728	1 861,921	283 006,980	1 862,476	32
33	61 433,152	1 861,639	173 138,649	1 861,927	284 869,456	1 862,488	33
34	63 294,791	1 861,642	175 000,576	1 861,935	286 731,944	1 862,499	34
35	65 156,433	1 861,645	176 862,511	1 861,941	288 594,443	1 862,511	35
36	67 018,078	1 861,647	178 724,452	1 861,949	290 456,954	1 862,523	36
37	68 879,725	1 861,650	180 586,401	1 861,956	292 319,477	1 862,535	37
38	70 741,375	1 861,653	182 448,357	1 861,964	294 182,012	1 862,546	38
39	72 603,028	1 861,656	184 310,321	1 861,971	296 044,558	1 862,559	39
40	74 464,684	1 861,659	186 172,292	1 861,979	297 907,117	1 862,571	40
41	76 326,343	1 861,662	188 034,271	1 861,986	299 769,688	1 862,583	41
42	78 188,005	1 861,665	189 896,257	1 861,994	301 632,271	1 862,595	42
43	80 049,670	1 861,669	191 758,251	1 862,002	303 494,866	1 862,607	43
44	81 911,339	1 861,672	193 620,253	1 862,010	305 357,473	1 862,620	44
45	83 773,011	1 861,675	195 482,263	1 862,017	307 220,093	1 862,633	45
46	85 634,686	1 861,678	197 344,280	1 862,026	309 082,726	1 862,644	46
47	87 496,364	1 861,683	199 206,306	1 862,034	310 945,370	1 862,658	47
48	89 358,047	1 861,685	201 068,340	1 862,041	312 808,028	1 862,670	48
49	91 219,732	1 861,690	202 930,381	1 862,051	314 670,698	1 862,683	49
50	93 081,422	1 861,693	204 792,432	1 862,058	316 533,381	1 862,696	50
51	94 943,115	1 861,698	206 654,490	1 862,067	318 396,077	1 862,709	51
52	96 804,813	1 861,701	208 516,557	1 862,075	320 258,786	1 862,722	52
53	98 666,514	1 861,705	210 378,632	1 862,084	322 121,508	1 862,735	53
54	100 528,219	1 861,709	212 240,716	1 862,092	323 984,243	1 862,748	54
55	102 389,928	1 861,713	214 102,808	1 862,102	325 846,991	1 862,762	55
56	104 251,641	1 861,718	215 964,910	1 862,109	327 709,753	1 862,774	56
57	106 113,359	1 861,722	217 827,019	1 862,119	329 572,527	1 862,788	57
58	107 975,081	1 861,726	219 689,138	1 862,128	331 435,315	1 862,802	58
59	109 836,807	1 861,731	221 551,266	1 862,137	333 298,117	1 862,815	59
60'	111 698,538		223 413,403		335 160,932		60'
π	K	d / 5	K	d / 9	K	d / 13	π

Ellipsoid von Krassowski

	3°		4°		5°		
π	K	13	K	19	K	24	π
		d		d		d	
0'	335 160,932	1 862,829	446 957,484	1 863,784	558 819,448	1 865,013	0'
1	337 023,761	1 862,842	448 821,268	1 863,80_	560 684,461	1 865,037	1
2	338 886,603	1 862,856	450 685,071	1 863,821	562 549,498	1 865,059	2
3	340 749,459	1 862,870	452 548,892	1 863,839	564 414,557	1 865,083	3
4	342 612,329	1 862,884	454 412,731	1 863,858	566 279,640	1 865,105	4
5	344 475,213	1 862,898	456 276,589	1 863,877	568 144,745	1 865,129	5
6	346 338,111	1 862,912	458 140,466	1 863,895	570 009,874	1 865,152	6
7	348 201,023	1 862,926	460 004,361	1 863,914	571 875,026	1 865,175	7
8	350 063,949	1 862,940	461 868,275	1 863,932	573 740,201	1 865,198	8
9	351 926,889	1 862,955	463 732,207	1 863,952	575 605,399	1 865,222	9
10	353 789,844	1 862,969	465 596,159	1 863,970	577 470,621	1 865,245	10
11	355 652,813	1 862,983	467 460,129	1 863,989	579 335,866	1 865,269	11
12	357 515,796	1 862,998	469 324,118	1 864,009	581 201,135	1 865,292	12
13	359 378,794	1 863,013	471 188,127	1 864,027	583 066,427	1 865,317	13
14	361 241,807	1 863,027	473 052,154	1 864,047	584 931,744	1 865,340	14
15	363 104,834	1 863,042	474 916,201	1 864,066	586 797,084	1 865,364	15
16	364 967,876	1 863,057	476 780,267	1 864,086	588 662,448	1 865,388	16
17	366 830,933	1 863,072	478 644,353	1 864,105	590 527,836	1 865,411	17
18	368 694,005	1 863,087	480 508,458	1 864,124	592 393,247	1 865,436	18
19	370 557,092	1 863,102	482 372,582	1 864,145	594 258,683	1 865,461	19
20	372 420,194	1 863,117	484 236,727	1 864,163	596 124,144	1 865,484	20
21	374 283,311	1 863,132	486 100,890	1 864,184	597 989,628	1 865,509	21
22	376 146,443	1 863,147	487 965,074	1 864,203	599 855,137	1 865,533	22
23	378 009,590	1 863,163	489 829,277	1 864,224	601 720,670	1 865,558	23
24	379 872,753	1 863,178	491 693,501	1 864,243	603 586,228	1 865,582	24
25	381 735,931	1 863,194	493 557,744	1 864,264	605 451,810	1 865,607	25
26	383 599,125	1 863,209	495 422,008	1 864,283	607 317,417	1 865,631	26
27	385 462,334	1 863,225	497 286,291	1 864,304	609 183,048	1 865,657	27
28	387 325,559	1 863,241	499 150,595	1 864,324	611 048,705	1 865,681	28
29	389 188,800	1 863,256	501 014,919	1 864,344	612 914,386	1 865,706	29
30	391 052,056	1 863,273	502 879,263	1 864,365	614 780,092	1 865,731	30
31	392 915,329	1 863,288	504 743,628	1 864,386	616 645,823	1 865,756	31
32	394 778,617	1 863,305	506 608,014	1 864,406	618 511,579	1 865,782	32
33	396 641,922	1 863,320	508 472,420	1 864,426	620 377,361	1 865,807	33
34	398 505,242	1 863,337	510 336,846	1 864,448	622 243,168	1 865,832	34
35	400 368,579	1 863,353	512 201,294	1 864,468	624 109,000	1 865,857	35
36	402 231,932	1 863,370	514 065,762	1 864,489	625 974,857	1 865,883	36
37	404 095,302	1 863,385	515 930,251	1 864,510	627 840,740	1 865,908	37
38	405 958,687	1 863,403	517 794,761	1 864,532	629 706,648	1 865,935	38
39	407 822,090	1 863,419	519 659,293	1 864,552	631 572,583	1 865,959	39
40	409 685,509	1 863,435	521 523,845	1 864,574	633 438,542	1 865,986	40
41	411 548,944	1 863,452	523 388,419	1 864,594	635 304,528	1 866,011	41
42	413 412,396	1 863,469	525 253,013	1 864,617	637 170,539	1 866,038	42
43	415 275,865	1 863,486	527 117,630	1 864,637	639 036,577	1 866,063	43
44	417 139,351	1 863,503	528 982,267	1 864,660	640 902,640	1 866,090	44
45	419 002,854	1 863,520	530 846,927	1 864,680	642 768,730	1 866,115	45
46	420 866,374	1 863,537	532 711,607	1 864,703	644 634,845	1 866,142	46
47	422 729,911	1 863,554	534 576,310	1 864,724	646 500,987	1 866,169	47
48	424 593,465	1 863,572	536 441,034	1 864,746	648 367,156	1 866,194	48
49	426 457,037	1 863,589	538 305,780	1 864,768	650 233,350	1 866,221	49
50	428 320,626	1 863,606	540 170,548	1 864,790	652 099,571	1 866,248	50
51	430 184,232	1 863,624	542 035,338	1 864,812	653 965,819	1 866,274	51
52	432 047,856	1 863,641	543 900,150	1 864,834	655 832,093	1 866,301	52
53	433 911,497	1 863,659	545 764,984	1 864,856	657 698,394	1 866,328	53
54	435 775,156	1 863,676	547 629,840	1 864,878	659 564,722	1 866,354	54
55	437 638,832	1 863,695	549 494,718	1 864,901	661 431,076	1 866,382	55
56	439 502,527	1 863,712	551 359,619	1 864,923	663 297,458	1 866,408	56
57	441 366,239	1 863,730	553 224,542	1 864,946	665 163,866	1 866,436	57
58	443 229,969	1 863,748	555 089,488	1 864,969	667 030,302	1 866,463	58
59	445 093,717	1 863,767	556 954,457	1 864,991	668 896,765	1 866,490	59
60'	446 957,484		558 819,448		670 763,255		60'
		d		d		d	
π	K	19	K	22	K	27	π

Ellipsoid von Krassowski

	6°		7°		
π	K	28 d	K	32 d	π
0'	670 763,255	1 866,517	782 805,388	1 868,296	0'
1	672 629,772	1 866,545	784 673,684	1 868,328	1
2	674 496,317	1 866,572	786 542,012	1 868,361	2
3	676 362,889	1 866,600	788 410,373	1 868,392	3
4	678 229,489	1 866,627	790 278,765	1 868,424	4
5	680 096,116	1 866,655	792 147,189	1 868,457	5
6	681 962,771	1 866,683	794 015,646	1 868,489	6
7	683 829,454	1 866,710	795 884,135	1 868,522	7
8	685 696,164	1 866,739	797 752,657	1 868,554	8
9	687 562,903	1 866,766	799 621,211	1 868,587	9
10	689 429,669	1 866,795	801 489,798	1 868,619	10
11	691 296,464	1 866,823	803 358,417	1 868,652	11
12	693 163,287	1 866,851	805 227,069	1 868,685	12
13	695 030,138	1 866,879	807 095,754	1 868,718	13
14	696 897,017	1 866,908	808 964,472	1 868,751	14
15	698 763,925	1 866,936	810 833,223	1 868,784	15
16	700 630,861	1 866,965	812 702,007	1 868,817	16
17	702 497,826	1 866,993	814 570,824	1 868,850	17
18	704 364,819	1 867,022	816 439,674	1 868,883	18
19	706 231,841	1 867,051	818 308,557	1 868,917	19
20	708 098,892	1 867,079	820 177,474	1 868,951	20
21	709 965,971	1 867,109	822 046,425	1 868,984	21
22	711 833,080	1 867,137	823 915,409	1 869,017	22
23	713 700,217	1 867,167	825 784,426	1 869,051	23
24	715 567,384	1 867,196	827 653,477	1 869,085	24
25	717 434,580	1 867,225	829 522,562	1 869,119	25
26	719 301,805	1 867,254	831 391,681	1 869,152	26
27	721 169,059	1 867,283	833 260,833	1 869,187	27
28	723 036,342	1 867,314	835 130,020	1 869,221	28
29	724 903,656	1 867,342	836 999,241	1 869,254	29
30	726 770,998	1 867,372	838 868,495	1 869,289	30
31	728 638,370	1 867,402	840 737,784	1 869,324	31
32	730 505,772	1 867,432	842 607,108	1 869,357	32
33	732 373,204	1 867,461	844 476,465	1 869,393	33
34	734 240,665	1 867,492	846 345,858	1 869,426	34
35	736 108,157	1 867,521	848 215,284	1 869,461	35
36	737 975,678	1 867,552	850 084,745	1 869,496	36
37	739 843,230	1 867,581	851 954,241	1 869,531	37
38	741 710,811	1 867,612	853 823,772	1 869,566	38
39	743 578,423	1 867,642	855 693,338	1 869,600	39
40	745 446,065	1 867,673	857 562,938	1 869,635	40
41	747 313,738	1 867,703	859 432,573	1 869,671	41
42	749 181,441	1 867,733	861 302,244	1 869,705	42
43	751 049,174	1 867,764	863 171,949	1 869,741	43
44	752 916,938	1 867,795	865 041,690	1 869,776	44
45	754 784,733	1 867,826	866 911,466	1 869,812	45
46	756 652,559	1 867,856	868 781,278	1 869,846	46
47	758 520,415	1 867,887	870 651,124	1 869,883	47
48	760 388,302	1 867,918	872 521,007	1 869,918	48
49	762 256,220	1 867,950	874 390,925	1 869,954	49
50	764 124,170	1 867,980	876 260,879	1 869,989	50
51	765 992,150	1 868,012	878 130,868	1 870,025	51
52	767 860,162	1 868,043	880 000,893	1 870,061	52
53	769 728,205	1 868,074	881 870,954	1 870,098	53
54	771 596,279	1 868,106	883 741,052	1 870,133	54
55	773 464,385	1 868,137	885 611,185	1 870,169	55
56	775 332,522	1 868,169	887 481,354	1 870,206	56
57	777 200,691	1 868,201	889 351,560	1 870,242	57
58	779 068,892	1 868,232	891 221,802	1 870,278	58
59	780 937,124	1 868,264	893 092,080	1 870,315	59
60'	782 805,388		894 962,395		60'
π	K	d 32	K	d 37	π

Ellipsoid von Krassowski

	8°		9°		
		37		41	
π	K	d	K	d	π
0'	894 962,395	1 870,351	1 007 250,893	1 872,684	0'
1	896 832,746	1 870,388	1 009 123,577	1 872,725	1
2	898 703,134	1 870,424	1 010 996,302	1 872,767	2
3	900 573,558	1 870,461	1 012 869,069	1 872,808	3
4	902 444,019	1 870,498	1 014 741,877	1 872,849	4
5	904 314,517	1 870,535	1 016 614,726	1 872,891	5
6	906 185,052	1 870,572	1 018 487,617	1 872,933	6
7	908 055,624	1 870,609	1 020 360,550	1 872,974	7
8	909 926,233	1 870,646	1 022 233,524	1 873,016	8
9	911 796,879	1 870,684	1 024 106,540	1 873,058	9
10	913 667,563	1 870,721	1 025 979,598	1 873,100	10
11	915 538,284	1 870,758	1 027 852,698	1 873,142	11
12	917 409,042	1 870,795	1 029 725,840	1 873,184	12
13	919 279,837	1 870,833	1 031 599,024	1 873,226	13
14	921 150,670	1 870,871	1 033 472,250	1 873,269	14
15	923 021,541	1 870,908	1 035 345,519	1 873,310	15
16	924 892,449	1 870,946	1 037 218,829	1 873,354	16
17	926 763,395	1 870,984	1 039 092,183	1 873,395	17
18	928 634,379	1 871,022	1 040 965,578	1 873,439	18
19	930 505,401	1 871,060	1 042 839,017	1 873,480	19
20	932 376,461	1 871,098	1 044 712,497	1 873,524	20
21	934 247,559	1 871,136	1 046 586,021	1 873,566	21
22	936 118,695	1 871,174	1 048 459,587	1 873,610	22
23	937 989,869	1 871,212	1 050 333,197	1 873,652	23
24	939 861,081	1 871,251	1 052 206,849	1 873,695	24
25	941 732,332	1 871,290	1 054 080,544	1 873,738	25
26	943 603,622	1 871,328	1 055 954,282	1 873,782	26
27	945 474,950	1 871,366	1 057 828,064	1 873,825	27
28	947 346,316	1 871,405	1 059 701,889	1 873,868	28
29	949 217,721	1 871,444	1 061 575,757	1 873,911	29
30	951 089,165	1 871,483	1 063 449,668	1 873,955	30
31	952 960,648	1 871,522	1 065 323,623	1 873,999	31
32	954 832,170	1 871,561	1 067 197,622	1 874,042	32
33	956 703,731	1 871,599	1 069 071,664	1 874,086	33
34	958 575,330	1 871,639	1 070 945,750	1 874,130	34
35	960 446,969	1 871,679	1 072 819,880	1 874,173	35
36	962 318,648	1 871,717	1 074 694,053	1 874,218	36
37	964 190,365	1 871,757	1 076 568,271	1 874,261	37
38	966 062,122	1 871,796	1 078 442,532	1 874,306	38
39	967 933,918	1 871,836	1 080 316,838	1 874,350	39
40	969 805,754	1 871,875	1 082 191,188	1 874,394	40
41	971 677,629	1 871,916	1 084 065,582	1 874,439	41
42	973 549,545	1 871,955	1 085 940,021	1 874,483	42
43	975 421,500	1 871,994	1 087 814,504	1 874,527	43
44	977 293,494	1 872,035	1 089 689,031	1 874,573	44
45	979 165,529	1 872,075	1 091 563,604	1 874,616	45
46	981 037,604	1 872,114	1 093 438,220	1 874,662	46
47	982 909,718	1 872,155	1 095 312,882	1 874,706	47
48	984 781,873	1 872,196	1 097 187,588	1 874,751	48
49	986 654,069	1 872,235	1 099 062,339	1 874,796	49
50	988 526,304	1 872,276	1 100 937,135	1 874,842	50
51	990 398,580	1 872,316	1 102 811,977	1 874,886	51
52	992 270,896	1 872,357	1 104 686,863	1 874,931	52
53	994 143,253	1 872,398	1 106 561,794	1 874,977	53
54	996 015,651	1 872,438	1 108 436,771	1 875,022	54
55	997 888,089	1 872,479	1 110 311,793	1 875,068	55
56	999 760,568	1 872,520	1 112 186,861	1 875,113	56
57	1 001 633,088	1 872,560	1 114 061,974	1 875,159	57
58	1 003 505,648	1 872,602	1 115 937,133	1 875,204	58
59	1 005 378,250	1 872,643	1 117 812,337	1 875,250	59
60'	1 007 250,893		1 119 687,587		60'
π	K	d	K	d	π
		41		46	

Ellipsoid von Krassowski Tafel 2

π	h_1	d	h_2	h_3	h_4	h_5	h_6	d	h_7	π
			0	0	0	0			1	
° '	-0,00		+ 0,00	+ 0,00	+ 0,00	+ 0,00	-		+	° '
0 0	00 0000	1 1363	20 347	20 347	20 347	20 347	0	46,877	0,00	0 0
10	01 1363	1 1364	20 347	20 347	20 347	20 347	46,877	46,878	0,01	10
20	02 2727	1 1364	20 348	20 346	20 349	20 347	93,755	46,878	0,02	20
30	03 4091	1 1364	20 349	20 344	20 351	20 346	140,633	46,878	0,05	30
40	04 5455	1 1366	20 350	20 341	20 354	20 346	187,511	46,879	0,09	40
50	05 6821	1 1366	20 351	20 338	20 358	20 345	234,390	46,881	0,14	50
1 0	06 8187	1 1368	20 353	20 335	20 363	20 344	281,271	46,881	0,20	1 0
10	07 9555	1 1368	20 356	20 330	20 368	20 343	328,152	46,883	0,27	10
20	09 0923	1 1371	20 358	20 325	20 375	20 342	375,035	46,885	0,35	20
30	10 2294	1 1372	20 361	20 319	20 382	20 340	421,920	46,886	0,44	30
40	11 3666	1 1374	20 365	20 312	20 391	20 338	468,806	46,889	0,55	40
50	12 5040	1 1376	20 368	20 305	20 400	20 337	515,695	46,891	0,66	50
2 0	13 6416	1 1379	20 372	20 297	20 410	20 335	562,586	46,893	0,79	2 0
10	14 7795	1 1381	20 377	20 289	20 421	20 333	609,479	46,896	0,92	10
20	15 9176	1 1384	20 381	20 279	20 433	20 330	656,375	46,899	1,07	20
30	17 0560	1 1386	20 387	20 269	20 445	20 328	703,274	46,902	1,23	30
40	18 1946	1 1390	20 392	20 258	20 459	20 325	750,176	46,905	1,40	40
50	19 3336	1 1393	20 398	20 247	20 473	20 322	797,081	46,909	1,58	50
3 0	20 4729	1 1397	20 404	20 235	20 488	20 319	843,990	46,913	1,77	3 0
10	21 6126	1 1400	20 410	20 222	20 505	20 316	890,903	46,916	1,98	10
20	22 7526	1 1405	20 417	20 209	20 522	20 313	937,819	46,921	2,19	20
30	23 8931	1 1408	20 425	20 194	20 540	20 309	984,740	46,925	2,41	30
40	25 0339	1 1412	20 432	20 179	20 558	20 306	1 031,665	46,929	2,65	40
50	26 1751	1 1418	20 440	20 164	20 578	20 302	1 078,594	46,935	2,90	50
4 0	27 3169	1 1421	20 448	20 148	20 599	20 298	1 125,529	46,939	3,15	4 0
10	28 4590	1 1427	20 457	20 131	20 620	20 294	1 172,468	46,944	3,42	10
20	29 6017	1 1432	20 466	20 113	20 643	20 289	1 219,412	46,950	3,70	20
30	30 7449	1 1437	20 475	20 094	20 666	20 285	1 266,362	46,955	3,99	30
40	31 8886	1 1442	20 485	20 075	20 690	20 280	1 313,317	46,961	4,29	40
50	33 0328	1 1448	20 495	20 055	20 715	20 275	1 360,278	46,967	4,61	50
5 0	34 1776	1 1454	20 505	20 035	20 741	20 270	1 407,245	46,974	4,93	5 0
10	35 3230	1 1460	20 516	20 014	20 768	20 265	1 454,219	46,979	5,26	10
20	36 4690	1 1466	20 527	19 992	20 795	20 260	1 501,198	46,987	5,61	20
30	37 6156	1 1473	20 539	19 969	20 824	20 254	1 548,185	46,993	5,97	30
40	38 7629	1 1479	20 551	19 946	20 853	20 248	1 595,178	47,000	6,33	40
50	39 9108	1 1487	20 563	19 922	20 884	20 242	1 642,178	47,007	6,71	50
6 0	41 0595	1 1493	20 575	19 897	20 915	20 236	1 689,185	47,015	7,10	6 0
10	42 2088	1 1500	20 588	19 871	20 947	20 230	1 736,200	47,023	7,50	10
20	43 3588	1 1508	20 602	19 845	20 980	20 223	1 783,223	47,030	7,91	20
30	44 5096	1 1516	20 615	19 818	21 014	20 217	1 830,253	47,039	8,34	30
40	45 6612	1 1523	20 629	19 791	21 049	20 210	1 877,292	47,047	8,77	40
50	46 8135	1 1532	20 644	19 762	21 084	20 203	1 924,339	47,055	9,22	50
7 0	47 9667	1 1540	20 658	19 733	21 121	20 196	1 971,394	47,064	9,67	7 0
10	49 1207	1 1548	20 674	19 704	21 158	20 189	2 018,458	47,073	10,14	10
20	50 2755	1 1557	20 689	19 673	21 197	20 181	2 065,531	47,082	10,62	20
30	51 4312	1 1565	20 705	19 642	21 236	20 173	2 112,613	47,091	11,11	30
40	52 5877	1 1575	20 721	19 610	21 276	20 165	2 159,704	47,101	11,61	40
50	53 7452	1 1584	20 738	19 577	21 318	20 157	2 206,805	47,111	12,12	50
8 0	54 9036	1 1593	20 754	19 544	21 360	20 149	2 253,916	47,120	12,64	8 0
10	56 0629	1 1603	20 772	19 510	21 403	20 141	2 301,036	47,131	13,18	10
20	57 2232	1 1613	20 789	19 475	21 447	20 132	2 348,167	47,141	13,72	20
30	58 3845	1 1623	20 807	19 439	21 491	20 123	2 395,308	47,152	14,28	30
40	59 5468	1 1634	20 826	19 403	21 537	20 114	2 442,460	47,162	14,85	40
50	60 7102	1 1643	20 844	19 366	21 584	20 105	2 489,622	47,174	15,42	50
9 0	61 8745	1 1655	20 864	19 328	21 631	20 096	2 536,796	47,185	16,01	9 0
10	63 0400	1 1665	20 883	19 290	21 680	20 086	2 583,981	47,196	16,62	10
20	64 2065	1 1676	20 903	19 250	21 729	20 077	2 631,177	47,208	17,23	20
30	65 3741	1 1688	20 923	19 210	21 780	20 067	2 678,385	47,219	17,85	30
40	66 5429	1 1699	20 944	19 170	21 831	20 057	2 725,604	47,232	18,49	40
50	67 7128	1 1711	20 965	19 128	21 883	20 046	2 772,836	47,244	19,13	50
10 0	68 8839		20 986	19 086	21 936	20 036	2 820,080		19,79	10 0
° '	-0,00		+ 0,00	+ 0,00	+ 0,00	+ 0,00	-		+	° '
π	h_1	d	h_2	h_3	h_4	h_5	h_6	d	h_7	π
			21	42	53	10			66	

$(\bar{\xi}_m)$	H_1	d	H_2	d	H_4	d	$(\bar{\xi}_m)$
-	+0,000		+0,000		+		-
0,0	5 0867	12	5 0867	7	0,0000	7	0,0
0,1	5 0855	36	5 0874	19	0,0007	21	0,1
0,2	5 0819	61	5 0893	31	0,0028	34	0,2
0,3	5 0758	85	5 0924	44	0,0062	48	0,3
0,4	5 0673	109	5 0968	57	0,0110	62	0,4
0,5	5 0564	134	5 1025	69	0,0172	74	0,5
0,6	5 0430	157	5 1094	81	0,0246	88	0,6
0,7	5 0273	182	5 1175	94	0,0334	101	0,7
0,8	5 0091	205	5 1269	106	0,0435	113	0,8
0,9	4 9886	229	5 1375	118	0,0548	126	0,9
1,0	4 9657	252	5 1493	131	0,0674	137	1,0
1,1	4 9405	276	5 1624	142	0,0811	148	1,1
1,2	4 9129		5 1766		0,0959		1,2
-	+0,000		+0,000		+		-
$(\bar{\xi}_m)$	H_1	d	H_2	d	H_4	d	$(\bar{\xi}_m)$

$(\bar{\xi}_m)$	H_3	d	$(\bar{\xi}_m)$	H_3	d	$(\bar{\xi}_m)$	H_3	d
-	+		-	+		-	+	
0,00	0	12,5906	0,40	503,1455	12,5538	0,80	1003,4337	12,4462
01	12,5906	12,5905	41	515,6993	12,5521	81	1015,8799	12,4426
02	25,1811	12,5905	42	528,2514	12,5501	82	1028,3225	12,4390
03	37,7716	12,5903	43	540,8015	12,5482	83	1040,7615	12,4353
04	50,3619	12,5901	44	553,3497	12,5463	84	1053,1968	12,4316
05	62,9520	12,5899	45	565,8960	12,5442	85	1065,6284	12,4278
06	75,5419	12,5897	46	578,4402	12,5422	86	1078,0562	12,4240
07	88,1316	12,5893	47	590,9824	12,5401	87	1090,4802	12,4202
08	100,7209	12,5890	48	603,5225	12,5379	88	1102,9004	12,4163
09	113,3099	12,5885	49	616,0604	12,5358	89	1115,3167	12,4124
0,10	125,8984	12,5881	0,50	628,5962	12,5335	0,90	1127,7291	12,4084
11	138,4865	12,5877	51	641,1297	12,5313	91	1140,1375	12,4045
12	151,0742	12,5870	52	653,6610	12,5289	92	1152,5420	12,4003
13	163,6612	12,5865	53	666,1899	12,5266	93	1164,9423	12,3963
14	176,2477	12,5859	54	678,7165	12,5241	94	1177,3386	12,3921
15	188,8336	12,5852	55	691,2406	12,5217	95	1189,7307	12,3879
16	201,4188	12,5845	56	703,7623	12,5192	96	1202,1186	12,3837
17	214,0033	12,5837	57	716,2815	12,5167	97	1214,5023	12,3794
18	226,5870	12,5829	58	728,7982	12,5141	98	1226,8817	12,3751
19	239,1699	12,5821	59	741,3123	12,5114	99	1239,2568	12,3708
0,20	251,7520	12,5812	0,60	753,8237	12,5088	1,00	1251,6276	12,3664
21	264,3332	12,5802	61	766,3325	12,5061	01	1263,9940	12,3620
22	276,9134	12,5792	62	778,8386	12,5033	02	1276,3560	12,3574
23	289,4926	12,5782	63	791,3419	12,5005	03	1288,7134	12,3530
24	302,0708	12,5772	64	803,8424	12,4977	04	1301,0664	12,3484
25	314,6480	12,5760	65	816,3401	12,4947	05	1313,4148	12,3437
26	327,2240	12,5748	66	828,8348	12,4919	06	1325,7585	12,3392
27	339,7988	12,5736	67	841,3267	12,4888	07	1338,0977	12,3344
28	352,3724	12,5724	68	853,8155	12,4859	08	1350,4321	12,3298
29	364,9448	12,5711	69	866,3014	12,4827	09	1362,7619	12,3249
0,30	377,5159	12,5697	0,70	878,7841	12,4797	1,10	1375,0868	12,3202
31	390,0856	12,5684	71	891,2638	12,4765	11	1387,4070	12,3153
32	402,6540	12,5669	72	903,7403	12,4733	12	1399,7223	12,3104
33	415,2209	12,5655	73	916,2136	12,4701	13	1412,0327	12,3055
34	427,7864	12,5639	74	928,6837	12,4668	14	1424,3382	12,3004
35	440,3503	12,5623	75	941,1505	12,4635	15	1436,6386	12,2955
36	452,9126	12,5608	76	953,6140	12,4600	16	1448,9341	12,2904
37	465,4734	12,5590	77	966,0740	12,4567	17	1461,2245	12,2853
38	478,0324	12,5574	78	978,5307	12,4533	18	1473,5098	12,2802
39	490,5898	12,5557	79	990,9840	12,4497	19	1485,7900	12,2750
0,40	503,1455		0,80	1003,4337		1,20	1498,0650	
-	+		-	+		-	+	
$(\bar{\xi}_m)$	H_3	d	$(\bar{\xi}_m)$	H_3	d	$(\bar{\xi}_m)$	H_3	d

Ellipsoid von Krassowski
Internationales Ellipsoid

Tafel 4

	0°		1°		2°		3°		4°		
π	m	d	m	d	m	d	m	d	m	d	π
	1,00		1,00		1,00		1,00		1,00		
0'	00 0000	2	00 7616	256	03 0468	510	06 8570	764	12 1944	1019	0'
1	00 0002	6	00 7872	260	03 0978	514	06 9334	769	12 2963	1024	1
2	00 0008	11	00 8132	264	03 1492	519	07 0103	772	12 3987	1027	2
3	00 0019	15	00 8396	269	03 2011	522	07 0875	777	12 5014	1032	3
4	00 0034	19	00 8665	273	03 2533	527	07 1652	782	12 6046	1036	4
5	00 0053	23	00 8938	277	03 3060	531	07 2434	785	12 7082	1041	5
6	00 0076	28	00 9215	282	03 3591	536	07 3219	790	12 8123	1044	6
7	00 0104	31	00 9497	285	03 4127	540	07 4009	794	12 9167	1049	7
8	00 0135	36	00 9782	290	03 4667	543	07 4803	798	13 0216	1053	8
9	00 0171	41	01 0072	294	03 5210	549	07 5601	803	13 1269	1058	9
10	00 0212	44	01 0366	298	03 5759	552	07 6404	807	13 2327	1061	10
11	00 0256	49	01 0664	303	03 6311	557	07 7211	811	13 3388	1066	11
12	00 0305	52	01 0967	307	03 6868	560	07 8022	815	13 4454	1070	12
13	00 0357	58	01 1274	311	03 7428	566	07 8837	820	13 5524	1075	13
14	00 0415	61	01 1585	315	03 7994	569	07 9657	823	13 6599	1078	14
15	00 0476	66	01 1900	320	03 8563	573	08 0480	828	13 7677	1083	15
16	00 0542	69	01 2220	323	03 9136	578	08 1308	833	13 8760	1088	16
17	00 0611	74	01 2543	328	03 9714	582	08 2141	836	13 9848	1091	17
18	00 0685	79	01 2871	332	04 0296	587	08 2977	841	14 0939	1096	18
19	00 0764	82	01 3203	337	04 0883	590	08 3818	845	14 2035	1100	19
20	00 0846	87	01 3540	340	04 1473	595	08 4663	849	14 3135	1104	20
21	00 0933	91	01 3880	345	04 2068	599	08 5512	853	14 4239	1108	21
22	00 1024	95	01 4225	349	04 2667	603	08 6365	858	14 5347	1113	22
23	00 1119	99	01 4574	354	04 3270	607	08 7223	862	14 6460	1117	23
24	00 1218	104	01 4928	357	04 3877	612	08 8085	866	14 7577	1121	24
25	00 1322	108	01 5285	362	04 4489	616	08 8951	871	14 8698	1126	25
26	00 1430	112	01 5647	366	04 5105	620	08 9822	874	14 9824	1129	26
27	00 1542	116	01 6013	370	04 5725	625	09 0696	879	15 0953	1134	27
28	00 1658	121	01 6383	375	04 6350	628	09 1575	884	15 2087	1139	28
29	00 1779	125	01 6758	379	04 6978	633	09 2459	887	15 3226	1142	29
30	00 1904	129	01 7137	383	04 7611	637	09 3346	892	15 4368	1147	30
31	00 2033	133	01 7520	387	04 8248	642	09 4238	896	15 5515	1151	31
32	00 2166	138	01 7907	391	04 8890	645	09 5134	900	15 6666	1155	32
33	00 2304	141	01 8298	396	04 9535	650	09 6034	904	15 7821	1160	33
34	00 2445	146	01 8694	400	05 0185	654	09 6938	909	15 8981	1163	34
35	00 2591	151	01 9094	404	05 0839	659	09 7847	913	16 0144	1168	35
36	00 2742	154	01 9498	408	05 1498	662	09 8760	917	16 1312	1173	36
37	00 2896	159	01 9906	413	05 2160	667	09 9677	921	16 2485	1176	37
38	00 3055	163	02 0319	417	05 2827	671	10 0598	926	16 3661	1181	38
39	00 3218	167	02 0736	421	05 3498	675	10 1524	930	16 4842	1185	39
40	00 3385	171	02 1157	425	05 4173	680	10 2454	934	16 6027	1189	40
41	00 3556	176	02 1582	430	05 4853	684	10 3388	938	16 7216	1194	41
42	00 3732	179	02 2012	434	05 5537	688	10 4326	943	16 8410	1198	42
43	00 3911	185	02 2446	438	05 6225	692	10 5269	947	16 9608	1202	43
44	00 4096	188	02 2884	442	05 6917	696	10 6216	951	17 0810	1206	44
45	00 4284	192	02 3326	446	05 7613	701	10 7167	955	17 2016	1211	45
46	00 4476	197	02 3772	451	05 8314	705	10 8122	960	17 3227	1215	46
47	00 4673	201	02 4223	455	05 9019	709	10 9082	964	17 4442	1219	47
48	00 4874	205	02 4678	459	05 9728	714	11 0046	968	17 5661	1223	48
49	00 5079	210	02 5137	464	06 0442	717	11 1014	972	17 6884	1228	49
50	00 5289	213	02 5601	467	06 1159	722	11 1986	977	17 8112	1232	50
51	00 5502	218	02 6068	472	06 1881	727	11 2963	981	17 9344	1236	51
52	00 5720	222	02 6540	476	06 2608	730	11 3944	985	18 0580	1241	52
53	00 5942	227	02 7016	481	06 3338	735	11 4929	989	18 1821	1244	53
54	00 6169	230	02 7497	484	06 4073	739	11 5918	994	18 3065	1249	54
55	00 6399	235	02 7981	489	06 4812	743	11 6912	998	18 4314	1253	55
56	00 6634	239	02 8470	493	06 5555	747	11 7910	1002	18 5567	1258	56
57	00 6873	244	02 8963	497	06 6302	752	11 8912	1006	18 6825	1262	57
58	00 7117	247	02 9460	502	06 7054	756	11 9918	1011	18 8087	1266	58
59	00 7364	252	02 9962	506	06 7810	760	12 0929	1015	18 9353	1270	59
60'	00 7616		03 0468		06 8570		12 1944		19 0623		60'
	1,00		1,00		1,00		1,00		1,00		
π	m	d	m	d	m	d	m	d	m	d	π

Ellipsoid von Krassowski
Internationales Ellipsoid

	5°		6°		7°		8°		9°		
π	m	d	m	d	m	d	m	d	m	d	π
	1,00		1,00		1,00		1,00		1,00		
0'	19 0623	1274	27 4647	1531	37 4068	1788	48 8944	2046	61 9344	2306	0
1	19 1897	1279	27 6178	1535	37 5856	1792	49 0990	2050	62 1650	2309	1
2	19 3176	1283	27 7713	1539	37 7648	1796	49 3040	2055	62 3959	2314	2
3	19 4459	1288	27 9252	1544	37 9444	1801	49 5095	2058	62 6273	2319	3
4	19 5747	1291	28 0796	1548	38 1245	1805	49 7153	2064	62 8592	2322	4
5	19 7038	1296	28 2344	1552	38 3050	1809	49 9217	2067	63 0914	2327	5
6	19 8334	1300	28 3896	1556	38 4859	1813	50 1284	2072	63 3241	2332	6
7	19 9634	1305	28 5452	1561	38 6672	1818	50 3356	2076	63 5573	2335	7
8	20 0939	1308	28 7013	1565	38 8490	1822	50 5432	2080	63 7908	2340	8
9	20 2247	1313	28 8578	1569	39 0312	1827	50 7512	2085	64 0248	2345	9
10	20 3560	1317	29 0147	1573	39 2139	1830	50 9597	2089	64 2593	2348	10
11	20 4877	1322	29 1720	1578	39 3969	1836	51 1686	2094	64 4941	2353	11
12	20 6199	1325	29 3298	1582	39 5805	1839	51 3780	2097	64 7294	2358	12
13	20 7524	1330	29 4880	1586	39 7644	1843	51 5877	2102	64 9652	2361	13
14	20 8854	1335	29 6466	1591	39 9487	1848	51 7979	2107	65 2013	2366	14
15	21 0189	1338	29 8057	1595	40 1335	1853	52 0086	2110	65 4379	2371	15
16	21 1527	1343	29 9652	1599	40 3188	1856	52 2196	2115	65 6750	2374	16
17	21 2870	1347	30 1251	1603	40 5044	1861	52 4311	2120	65 9124	2379	17
18	21 4217	1351	30 2854	1608	40 6905	1865	52 6431	2123	66 1503	2384	18
19	21 5568	1356	30 4462	1612	40 8770	1869	52 8554	2128	66 3887	2388	19
20	21 6924	1360	30 6074	1616	41 0639	1874	53 0682	2132	66 6275	2392	20
21	21 8284	1364	30 7690	1621	41 2513	1878	53 2814	2137	66 8667	2396	21
22	21 9648	1368	30 9311	1625	41 4391	1882	53 4951	2141	67 1063	2401	22
23	22 1016	1373	31 0936	1629	41 6273	1887	53 7092	2145	67 3464	2405	23
24	22 2389	1377	31 2565	1633	41 8160	1891	53 9237	2149	67 5869	2409	24
25	22 3766	1381	31 4198	1638	42 0051	1895	54 1386	2154	67 8278	2414	25
26	22 5147	1385	31 5836	1642	42 1946	1899	54 3540	2158	68 0692	2418	26
27	22 6532	1390	31 7478	1646	42 3845	1904	54 5698	2163	68 3110	2423	27
28	22 7922	1394	31 9124	1651	42 5749	1908	54 7861	2167	68 5533	2427	28
29	22 9316	1398	32 0775	1655	42 7657	1913	55 0028	2171	68 7960	2431	29
30	23 0714	1403	32 2430	1659	42 9570	1916	55 2199	2175	69 0391	2435	30
31	23 2117	1406	32 4089	1663	43 1486	1922	55 4374	2180	69 2826	2440	31
32	23 3523	1411	32 5752	1668	43 3408	1925	55 6554	2184	69 5266	2444	32
33	23 4934	1416	32 7420	1672	43 5333	1929	55 8738	2189	69 7710	2449	33
34	23 6350	1419	32 9092	1676	43 7262	1934	56 0927	2192	70 0159	2453	34
35	23 7769	1424	33 0768	1681	43 9196	1939	56 3119	2197	70 2612	2457	35
36	23 9193	1428	33 2449	1684	44 1135	1942	56 5316	2202	70 5069	2462	36
37	24 0621	1433	33 4133	1689	44 3077	1947	56 7518	2206	70 7531	2465	37
38	24 2054	1436	33 5822	1694	44 5024	1951	56 9724	2210	70 9996	2471	38
39	24 3490	1441	33 7516	1698	44 6975	1955	57 1934	2214	71 2467	2474	39
40	24 4931	1445	33 9214	1701	44 8930	1960	57 4148	2219	71 4941	2479	40
41	24 6376	1450	34 0915	1707	45 0890	1964	57 6367	2223	71 7420	2484	41
42	24 7826	1454	34 2622	1710	45 2854	1969	57 8590	2227	71 9904	2487	42
43	24 9280	1458	34 4332	1715	45 4823	1972	58 0817	2232	72 2391	2492	43
44	25 0738	1462	34 6047	1719	45 6795	1977	58 3049	2236	72 4883	2497	44
45	25 2200	1467	34 7766	1724	45 8772	1982	58 5285	2240	72 7380	2501	45
46	25 3667	1470	34 9490	1727	46 0754	1985	58 7525	2245	72 9881	2505	46
47	25 5137	1476	35 1217	1732	46 2739	1990	58 9770	2249	73 2386	2509	47
48	25 6613	1479	35 2949	1737	46 4729	1994	59 2019	2253	73 4895	2514	48
49	25 8092	1484	35 4686	1740	46 6723	1999	59 4272	2258	73 7409	2518	49
50	25 9576	1488	35 6426	1745	46 8722	2003	59 6530	2262	73 9927	2523	50
51	26 1064	1492	35 8171	1749	47 0725	2007	59 8792	2266	74 2450	2527	51
52	26 2556	1496	35 9920	1754	47 2732	2011	60 1058	2271	74 4977	2531	52
53	26 4052	1501	36 1674	1757	47 4743	2016	60 3329	2275	74 7508	2535	53
54	26 5553	1505	36 3431	1762	47 6759	2020	60 5604	2279	75 0043	2540	54
55	26 7058	1509	36 5193	1767	47 8779	2024	60 7883	2284	75 2583	2545	55
56	26 8567	1514	36 6960	1770	48 0803	2029	61 0167	2288	75 5128	2548	56
57	27 0081	1518	36 8730	1775	48 2832	2033	61 2455	2292	75 7676	2553	57
58	27 1599	1522	37 0505	1779	48 4865	2037	61 4747	2297	76 0229	2558	58
59	27 3121	1526	37 2284	1784	48 6902	2042	61 7044	2300	76 2787	2561	59
60'	27 4647		37 4068		48 8944		61 9344		76 5348		60'
	1,00		1,00		1,00		1,00		1,00		
π	m	d	m	d	m	d	m	d	m	d	π

π	K (0°)	d (0)	K (1°)	d (4)	K (2°)	d (9)	π
0'	0	1 861,666	111 702,686	1 861,805	223 421,697	1 862,215	0'
1	1 861,666	1 861,666	113 564,491	1 861,809	225 283,912	1 862,224	1
2	3 723,332	1 861,667	115 426,300	1 861,813	227 146,136	1 862,233	2
3	5 584,999	1 861,666	117 288,113	1 861,819	229 008,369	1 862,242	3
4	7 446,665	1 861,667	119 149,932	1 861,823	230 870,611	1 862,252	4
5	9 308,332	1 861,667	121 011,755	1 861,828	232 732,863	1 862,262	5
6	11 169,999	1 861,668	122 873,583	1 861,833	234 595,125	1 862,270	6
7	13 031,667	1 861,668	124 735,416	1 861,839	236 457,395	1 862,281	7
8	14 893,335	1 861,669	126 597,255	1 861,843	238 319,676	1 862,290	8
9	16 755,004	1 861,670	128 459,098	1 861,849	240 181,966	1 862,300	9
10	18 616,674	1 861,670	130 320,947	1 861,854	242 044,266	1 862,310	10
11	20 478,344	1 861,671	132 182,801	1 861,859	243 906,576	1 862,319	11
12	22 340,015	1 861,672	134 044,660	1 861,865	245 768,895	1 862,330	12
13	24 201,687	1 861,673	135 906,525	1 861,870	247 631,225	1 862,339	13
14	26 063,360	1 861,674	137 768,395	1 861,876	249 493,564	1 862,350	14
15	27 925,034	1 861,675	139 630,271	1 861,881	251 355,914	1 862,360	15
16	29 786,709	1 861,676	141 492,152	1 861,887	253 218,274	1 862,370	16
17	31 648,385	1 861,678	143 354,039	1 861,893	255 080,644	1 862,381	17
18	33 510,063	1 861,679	145 215,932	1 861,899	256 943,025	1 862,391	18
19	35 371,742	1 861,681	147 077,831	1 861,905	258 805,416	1 862,402	19
20	37 233,423	1 861,682	148 939,736	1 861,911	260 667,818	1 862,412	20
21	39 095,105	1 861,683	150 801,647	1 861,917	262 530,230	1 862,423	21
22	40 956,788	1 861,685	152 663,564	1 861,924	264 392,653	1 862,433	22
23	42 818,473	1 861,687	154 525,488	1 861,929	266 255,086	1 862,445	23
24	44 680,160	1 861,689	156 387,417	1 861,936	268 117,531	1 862,455	24
25	46 541,849	1 861,691	158 249,353	1 861,942	269 979,986	1 862,466	25
26	48 403,540	1 861,692	160 111,295	1 861,949	271 842,452	1 862,477	26
27	50 265,232	1 861,695	161 973,244	1 861,956	273 704,929	1 862,489	27
28	52 126,927	1 861,697	163 835,200	1 861,962	275 567,418	1 862,499	28
29	53 988,624	1 861,699	165 697,162	1 861,968	277 429,917	1 862,511	29
30	55 850,323	1 861,701	167 559,130	1 861,976	279 292,428	1 862,522	30
31	57 712,024	1 861,704	169 421,106	1 861,982	281 154,950	1 862,534	31
32	59 573,728	1 861,706	171 283,088	1 861,990	283 017,484	1 862,545	32
33	61 435,434	1 861,708	173 145,078	1 861,996	284 880,029	1 862,556	33
34	63 297,142	1 861,711	175 007,074	1 862,004	286 742,585	1 862,569	34
35	65 158,853	1 861,714	176 869,078	1 862,011	288 605,154	1 862,580	35
36	67 020,567	1 861,716	178 731,089	1 862,018	290 467,734	1 862,592	36
37	68 882,283	1 861,720	180 593,107	1 862,025	292 330,326	1 862,603	37
38	70 744,003	1 861,722	182 455,132	1 862,033	294 192,929	1 862,616	38
39	72 605,725	1 861,725	184 317,165	1 862,040	296 055,545	1 862,628	39
40	74 467,450	1 861,728	186 179,205	1 862,048	297 918,173	1 862,639	40
41	76 329,178	1 861,731	188 041,253	1 862,055	299 780,812	1 862,652	41
42	78 190,909	1 861,734	189 903,308	1 862,063	301 643,464	1 862,664	42
43	80 052,643	1 861,738	191 765,371	1 862,071	303 506,128	1 862,677	43
44	81 914,381	1 861,741	193 627,442	1 862,079	305 368,805	1 862,689	44
45	83 776,122	1 861,744	195 489,521	1 862,086	307 231,494	1 862,701	45
46	85 637,866	1 861,748	197 351,607	1 862,095	309 094,195	1 862,714	46
47	87 499,614	1 861,751	199 213,702	1 862,103	310 956,909	1 862,727	47
48	89 361,365	1 861,755	201 075,805	1 862,111	312 819,636	1 862,739	48
49	91 223,120	1 861,759	202 937,916	1 862,119	314 682,375	1 862,752	49
50	93 084,879	1 861,763	204 800,035	1 862,128	316 545,127	1 862,765	50
51	94 946,642	1 861,766	206 662,163	1 862,136	318 407,892	1 862,778	51
52	96 808,408	1 861,770	208 524,299	1 862,144	320 270,670	1 862,791	52
53	98 670,178	1 861,774	210 386,443	1 862,153	322 133,461	1 862,804	53
54	100 531,952	1 861,779	212 248,596	1 862,161	323 996,265	1 862,817	54
55	102 393,731	1 861,782	214 110,757	1 862,171	325 859,082	1 862,830	55
56	104 255,513	1 861,787	215 972,928	1 862,179	327 721,912	1 862,844	56
57	106 117,300	1 861,791	217 835,107	1 862,187	329 584,756	1 862,857	57
58	107 979,091	1 861,795	219 697,294	1 862,197	331 447,613	1 862,870	58
59	109 840,886	1 861,800	221 559,491	1 862,206	333 310,483	1 862,884	59
60'	111 702,686		223 421,697		335 173,367		60'
π	K	d (5)	K	d (9)	K	d (14)	π

π	K (3°)	d (3°) 13	K (4°)	d (4°) 19	K (5°)	d (5°) 24	π
0'	335 173,367	1 862,898	446 974,053	1 863,853	558 840,141	1 865,082	0'
1	337 036,265	1 862,911	448 837,906	1 863,872	560 705,223	1 865,106	1
2	338 899,176	1 862,925	450 701,778	1 863,890	562 570,329	1 865,128	2
3	340 762,101	1 862,939	452 565,668	1 863,908	564 435,457	1 865,151	3
4	342 625,040	1 862,953	454 429,576	1 863,927	566 300,608	1 865,174	4
5	344 487,993	1 862,967	456 293,503	1 863,945	568 165,782	1 865,197	5
6	346 350,960	1 862,981	458 157,448	1 863,964	570 030,979	1 865,220	6
7	348 213,941	1 862,995	460 021,412	1 863,982	571 896,199	1 865,244	7
8	350 076,936	1 863,009	461 885,394	1 864,002	573 761,443	1 865,267	8
9	351 939,945	1 863,024	463 749,396	1 864,020	575 626,710	1 865,290	9
10	353 802,969	1 863,038	465 613,416	1 864,039	577 492,000	1 865,314	10
11	355 666,007	1 863,052	467 477,455	1 864,058	579 357,314	1 865,338	11
12	357 529,059	1 863,067	469 341,513	1 864,078	581 222,652	1 865,361	12
13	359 392,126	1 863,082	471 205,591	1 864,096	583 088,013	1 865,385	13
14	361 255,208	1 863,096	473 069,687	1 864,116	584 953,398	1 865,408	14
15	363 118,304	1 863,111	474 933,803	1 864,134	586 818,806	1 865,433	15
16	364 981,415	1 863,126	476 797,937	1 864,155	588 684,239	1 865,456	16
17	366 844,541	1 863,140	478 662,092	1 864,174	590 549,695	1 865,481	17
18	368 707,681	1 863,156	480 526,266	1 864,193	592 415,176	1 865,504	18
19	370 570,837	1 863,171	482 390,459	1 864,213	594 280,680	1 865,529	19
20	372 434,008	1 863,186	484 254,672	1 864,232	596 146,209	1 865,553	20
21	374 297,194	1 863,201	486 118,904	1 864,253	598 011,762	1 865,577	21
22	376 160,395	1 863,216	487 983,157	1 864,272	599 877,339	1 865,602	22
23	378 023,611	1 863,232	489 847,429	1 864,292	601 742,941	1 865,626	23
24	379 886,843	1 863,247	491 711,721	1 864,312	603 608,567	1 865,651	24
25	381 750,090	1 863,263	493 576,033	1 864,332	605 474,218	1 865,676	25
26	383 613,353	1 863,278	495 440,365	1 864,353	607 339,894	1 865,700	26
27	385 476,631	1 863,294	497 304,718	1 864,372	609 205,594	1 865,725	27
28	387 339,925	1 863,309	499 169,090	1 864,393	611 071,319	1 865,749	28
29	389 203,234	1 863,326	501 033,483	1 864,413	612 937,068	1 865,775	29
30	391 066,560	1 863,341	502 897,896	1 864,434	614 802,843	1 865,800	30
31	392 929,901	1 863,357	504 762,330	1 864,454	616 668,643	1 865,825	31
32	394 793,258	1 863,374	506 626,784	1 864,475	618 534,468	1 865,850	32
33	396 656,632	1 863,389	508 491,259	1 864,495	620 400,318	1 865,875	33
34	398 520,021	1 863,406	510 355,754	1 864,516	622 266,193	1 865,900	34
35	400 383,427	1 863,422	512 220,270	1 864,537	624 132,093	1 865,926	35
36	402 246,849	1 863,438	514 084,807	1 864,558	625 998,019	1 865,952	36
37	404 110,287	1 863,455	515 949,365	1 864,579	627 863,971	1 865,977	37
38	405 973,742	1 863,471	517 813,944	1 864,600	629 729,948	1 866,002	38
39	407 837,213	1 863,488	519 678,544	1 864,621	631 595,950	1 866,029	39
40	409 700,701	1 863,504	521 543,165	1 864,642	633 461,979	1 866,054	40
41	411 564,205	1 863,521	523 407,807	1 864,664	635 328.033	1 866,080	41
42	413 427,726	1 863,538	525 272,471	1 864,685	637 194,113	1 866,106	42
43	415 291,264	1 863,555	527 137,156	1 864,706	639 060,219	1 866,131	43
44	417 154,819	1 863,572	529 001,862	1 864,728	640 926,350	1 866,158	44
45	419 018,391	1 863,589	530 866,590	1 864,749	642 792,508	1 866,185	45
46	420 881,980	1 863,605	532 731,339	1 864,772	644 658,693	1 866,210	46
47	422 745,585	1 863,624	534 596,111	1 864,792	646 524,903	1 866,237	47
48	424 609,209	1 863,640	536 460,903	1 864,815	648 391,140	1 866,263	48
49	426 472,849	1 863,658	538 325,718	1 864,837	650 257,403	1 866,289	49
50	428 336,507	1 863,675	540 190,555	1 864,858	652 123,692	1 866,316	50
51	430 200,182	1 863,692	542 055,413	1 864,881	653 990,008	1 866,343	51
52	432 063,874	1 863,710	543 920,294	1 864,902	655 856,351	1 866,369	52
53	433 927,584	1 863,728	545 785,196	1 864,925	657 722,720	1 866,397	53
54	435 791,312	1 863,745	547 650,121	1 864,947	659 589,117	1 866,423	54
55	437 655,057	1 863,764	549 515,068	1 864,970	661 455,540	1 866,450	55
56	439 518,821	1 863,781	551 380,038	1 864,992	663 321,990	1 866,477	56
57	441 382,602	1 863,799	553 245,030	1 865,014	665 188,467	1 866,504	57
58	443 246,401	1 863,817	555 110,044	1 865,037	667 054,971	1 866,531	58
59	445 110,218	1 863,835	556 975,081	1 865,060	668 921,502	1 866,558	59
60'	446 974,053		558 840,141		670 788,060		60'
π	K	d 18	K	d 23	K	d 27	π

Internationales Ellipsoid

	6°		7°		
π	K	27	K	31	π
		d		d	
0'	670 788,060	1 866,586	782 834,291	1 868,365	0'
1	672 654,646	1 866,613	784 702,656	1 868,396	1
2	674 521,259	1 866,641	786 571,052	1 868,428	2
3	676 387,900	1 866,668	788 439,480	1 868,460	3
4	678 254,568	1 866,695	790 307,940	1 868,493	4
5	680 121,263	1 866,724	792 176,433	1 868,525	5
6	681 987,987	1 866,751	794 044,958	1 868,557	6
7	683 854,738	1 866,779	795 913,515	1 868,590	7
8	685 721,517	1 866,807	797 782,105	1 868,622	8
9	687 588,324	1 866,835	799 650,727	1 868,655	9
10	689 455,159	1 866,863	801 519,382	1 868,687	10
11	691 322,022	1 866,891	803 388,069	1 868,721	11
12	693 188,913	1 866,919	805 256,790	1 868,753	12
13	695 055,832	1 866,948	807 125,543	1 868,786	13
14	696 922,780	1 866,976	808 994,329	1 868,819	14
15	698 789,756	1 867,005	810 863,148	1 868,852	15
16	700 656,761	1 867,033	812 732,000	1 868,885	16
17	702 523,794	1 867,061	814 600,885	1 868,918	17
18	704 390,855	1 867,091	816 469,803	1 868,952	18
19	706 257,946	1 867,119	818 338,755	1 868,985	19
20	708 125,065	1 867,148	820 207,740	1 869,018	20
21	709 992,213	1 867,177	822 076,758	1 869,052	21
22	711 859,390	1 867,205	823 945,810	1 869,085	22
23	713 726,595	1 867,235	825 814,895	1 869,120	23
24	715 593,830	1 867,264	827 684,015	1 869,153	24
25	717 461,094	1 867,294	829 553,168	1 869,186	25
26	719 328,388	1 867,322	831 422,354	1 869,221	26
27	721 195,710	1 867,352	833 291,575	1 869,255	27
28	723 063,062	1 867,381	835 160,830	1 869,288	28
29	724 930,443	1 867,411	837 030,118	1 869,323	29
30	726 797,854	1 867,441	838 899,441	1 869,357	30
31	728 665,295	1 867,470	840 768,798	1 869,391	31
32	730 532,765	1 867,500	842 638,189	1 869,426	32
33	732 400,265	1 867,530	844 507,615	1 869,460	33
34	734 267,795	1 867,560	846 377,075	1 869,495	34
35	736 135,355	1 867,589	848 246,570	1 869,529	35
36	738 002,944	1 867,620	850 116,099	1 869,564	36
37	739 870,564	1 867,650	851 985,663	1 869,599	37
38	741 738,214	1 867,680	853 855,262	1 869,633	38
39	743 605,894	1 867,710	855 724,895	1 869,668	39
40	745 473,604	1 867,741	857 594,563	1 869,704	40
41	747 341,345	1 867,771	859 464,267	1 869,738	41
42	749 209,116	1 867,802	861 334,005	1 869,774	42
43	751 076,918	1 867,832	863 203,779	1 869,808	43
44	752 944,750	1 867,863	865 073,587	1 869,844	44
45	754 812,613	1 867,894	866 943,431	1 869,880	45
46	756 680,507	1 867,925	868 813,311	1 869,915	46
47	758 548,432	1 867,955	870 683,226	1 869,950	47
48	760 416,387	1 867,987	872 553,176	1 869,986	48
49	762 284,374	1 868,017	874 423,162	1 870,021	49
50	764 152,391	1 868,049	876 293,183	1 870,058	50
51	766 020,440	1 868,080	878 163,241	1 870,093	51
52	767 888,520	1 868,111	880 033,334	1 870,129	52
53	769 756,631	1 868,142	881 903,463	1 870,165	53
54	771 624,773	1 868,174	883 773,628	1 870,201	54
55	773 492,947	1 868,206	885 643,829	1 870,237	55
56	775 361,153	1 868,237	887 514,066	1 870,274	56
57	777 229,390	1 868,269	889 384,340	1 870,310	57
58	779 097,659	1 868,300	891 254,650	1 870,346	58
59	780 965,959	1 868,332	893 124,996	1 870,382	59
60'	782 834,291		894 995,378		60'
π	K	d	K	d	π
		32		36	

Internationales Ellipsoid

	8°		9°		
π	K	37 / d	K	40 / d	π
0'	894 995,378	1 870,419	1 007 287,938	1 872,752	0'
1	896 865,797	1 870,456	1 009 160,690	1 872,792	1
2	898 736,253	1 870,492	1 011 033,482	1 872,834	2
3	900 606,745	1 870,529	1 012 906,316	1 872,876	3
4	902 477,274	1 870,566	1 014 779,192	1 872,917	4
5	904 347,840	1 870,603	1 016 652,109	1 872,958	5
6	906 218,443	1 870,640	1 018 525,067	1 873,000	6
7	908 089,083	1 870,677	1 020 398,067	1 873,042	7
8	909 959,760	1 870,714	1 022 271,109	1 873,084	8
9	911 830,474	1 870,751	1 024 144,193	1 873,125	9
10	913 701,225	1 870,788	1 026 017,318	1 873,168	10
11	915 572,013	1 870,826	1 027 890,486	1 873,209	11
12	917 442,839	1 870,864	1 029 763,695	1 873,251	12
13	919 313,703	1 870,900	1 031 636,946	1 873,294	13
14	921 184,603	1 870,939	1 033 510,240	1 873,336	14
15	923 055,542	1 870,976	1 035 383,576	1 873,378	15
16	924 926,518	1 871,014	1 037 256,954	1 873,421	16
17	926 797,532	1 871,051	1 039 130,375	1 873,463	17
18	928 668,583	1 871,090	1 041 003,838	1 873,505	18
19	930 539,673	1 871,127	1 042 877,343	1 873,549	19
20	932 410,800	1 871,166	1 044 750,892	1 873,591	20
21	934 281,966	1 871,204	1 046 624,483	1 873,633	21
22	936 153,170	1 871,242	1 048 498,116	1 873,677	22
23	938 024,412	1 871,280	1 050 371,793	1 873,719	23
24	939 895,692	1 871,319	1 052 245,512	1 873,763	24
25	941 767,011	1 871,357	1 054 119,275	1 873,806	25
26	943 638,368	1 871,396	1 055 993,081	1 873,849	26
27	945 509,764	1 871,434	1 057 866,930	1 873,892	27
28	947 381,198	1 871,473	1 059 740,822	1 873,935	28
29	949 252,671	1 871,511	1 061 614,757	1 873,979	29
30	951 124,182	1 871,551	1 063 488,736	1 874,022	30
31	952 995,733	1 871,589	1 065 362,758	1 874,066	31
32	954 867,322	1 871,629	1 067 236,824	1 874,110	32
33	956 738,951	1 871,667	1 069 110,934	1 874,153	33
34	958 610,618	1 871,707	1 070 985,087	1 874,197	34
35	960 482,325	1 871,746	1 072 859,284	1 874,241	35
36	962 354,071	1 871,785	1 074 733,525	1 874,285	36
37	964 225,856	1 871,824	1 076 607,810	1 874,329	37
38	966 097,680	1 871,864	1 078 482,139	1 874,373	38
39	967 969,544	1 871,904	1 080 356,512	1 874,417	39
40	969 841,448	1 871,943	1 082 230,929	1 874,461	40
41	971 713,391	1 871,983	1 084 105,390	1 874,506	41
42	973 585,374	1 872,022	1 085 979,896	1 874,550	42
43	975 457,396	1 872,062	1 087 854,446	1 874,595	43
44	977 329,458	1 872,103	1 089 729,041	1 874,640	44
45	979 201,561	1 872,142	1 091 603,681	1 874,683	45
46	981 073,703	1 872,182	1 093 478,364	1 874,729	46
47	982 945,885	1 872,223	1 095 353,093	1 874,774	47
48	984 818,108	1 872,263	1 097 227,867	1 874,818	48
49	986 690,371	1 872,303	1 099 102,685	1 874,863	49
50	988 562,674	1 872,343	1 100 977,548	1 874,909	50
51	990 435,017	1 872,384	1 102 852,457	1 874,953	51
52	992 307,401	1 872,424	1 104 727,410	1 874,999	52
53	994 179,825	1 872,466	1 106 602,409	1 875,044	53
54	996 052,291	1 872,505	1 108 477,453	1 875,089	54
55	997 924,796	1 872,547	1 110 352,542	1 875,135	55
56	999 797,343	1 872,587	1 112 227,677	1 875,181	56
57	1 001 669,930	1 872,628	1 114 102,858	1 875,225	57
58	1 003 542,558	1 872,670	1 115 978,083	1 875,272	58
59	1 005 415,228	1 872,710	1 117 853,355	1 875,317	59
60'	1 007 287,938		1 119 728,672		60'
π	K	d / 40	K	d / 45	π

π	h_1	d	h_2	h_3	h_4	h_5	h_6	d	h_7	π
			1	0	1	0			1	
° '	-0,00		+ 0,00	+ 0,00	+ 0,00	+ 0,00	-		+	° '
0 0	00 0000	1 1363	20 345	20 345	20 345	20 345	0,000	46,875	0,00	0 0
10	01 1363	1 1363	20 346	20 345	20 346	20 345	46,875	46,876	0,01	10
20	02 2726	1 1364	20 346	20 344	20 347	20 345	93,751	46,876	0,02	20
30	03 4090	1 1364	20 347	20 342	20 349	20 345	140,627	46,877	0,05	30
40	04 5454	1 1365	20 348	20 340	20 352	20 344	187,504	46,878	0,09	40
50	05 6819	1 1366	20 350	20 337	20 356	20 343	234,382	46,878	0,14	50
1 0	06 8185	1 1367	20 352	20 333	20 361	20 342	281,260	46,880	0,20	1 0
10	07 9552	1 1368	20 354	20 329	20 367	20 341	328,140	46,881	0,27	10
20	09 0920	1 1370	20 357	20 323	20 373	20 340	375,021	46,883	0,35	20
30	10 2290	1 1372	20 360	20 317	20 381	20 339	421,904	46,885	0,44	30
40	11 3662	1 1373	20 363	20 311	20 389	20 337	468,789	46,887	0,55	40
50	12 5035	1 1376	20 367	20 304	20 398	20 335	515,676	46,889	0,66	50
2 0	13 6411	1 1378	20 371	20 296	20 408	20 333	562,565	46,892	0,79	2 0
10	14 7789	1 1381	20 375	20 287	20 419	20 331	609,457	46,894	0,92	10
20	15 9170	1 1383	20 380	20 278	20 431	20 329	656,351	46,897	1,07	20
30	17 0553	1 1387	20 385	20 268	20 444	20 326	703,248	46,900	1,23	30
40	18 1940	1 1389	20 390	20 257	20 457	20 324	750,148	46,904	1,40	40
50	19 3329	1 1393	20 396	20 246	20 472	20 321	797,052	46,907	1,58	50
3 0	20 4722	1 1396	20 402	20 233	20 487	20 318	843,959	46,911	1,77	3 0
10	21 6118	1 1400	20 409	20 221	20 503	20 315	890,870	46,915	1,98	10
20	22 7518	1 1404	20 416	20 207	20 520	20 311	937,785	46,918	2,19	20
30	23 8922	1 1408	20 423	20 193	20 538	20 308	984,703	46,924	2,41	30
40	25 0330	1 1412	20 431	20 178	20 557	20 304	1 031,627	46,927	2,65	40
50	26 1742	1 1416	20 439	20 162	20 577	20 300	1 078,554	46,933	2,90	50
4 0	27 3158	1 1422	20 447	20 146	20 597	20 296	1 125,487	46,937	3,15	4 0
10	28 4580	1 1426	20 455	20 129	20 619	20 292	1 172,424	46,943	3,42	10
20	29 6006	1 1431	20 464	20 111	20 641	20 288	1 219,367	46,948	3,70	20
30	30 7437	1 1437	20 474	20 093	20 664	20 283	1 266,315	46,953	3,99	30
40	31 8874	1 1442	20 483	20 074	20 688	20 279	1 313,268	46,960	4,29	40
50	33 0316	1 1448	20 494	20 054	20 713	20 274	1 360,228	46,965	4,61	50
5 0	34 1764	1 1453	20 504	20 033	20 739	20 269	1 407,193	46,972	4,93	5 0
10	35 3217	1 1460	20 515	20 012	20 766	20 263	1 454,165	46,978	5,26	10
20	36 4677	1 1465	20 526	19 990	20 794	20 258	1 501,143	46,984	5,61	20
30	37 6142	1 1473	20 537	19 968	20 822	20 253	1 548,127	46,992	5,97	30
40	38 7615	1 1479	20 549	19 944	20 852	20 247	1 595,119	46,998	6,33	40
50	39 9094	1 1486	20 561	19 920	20 882	20 241	1 642,117	47,006	6,71	50
6 0	41 0580	1 1492	20 574	19 895	20 913	20 235	1 689,123	47,013	7,10	6 0
10	42 2072	1 1500	20 587	19 870	20 945	20 228	1 736,136	47,021	7,50	10
20	43 3572	1 1508	20 600	19 844	20 978	20 222	1 783,157	47,029	7,92	20
30	44 5080	1 1515	20 614	19 817	21 012	20 215	1 830,186	47,036	8,34	30
40	45 6595	1 1523	20 628	19 789	21 047	20 209	1 877,222	47,046	8,77	40
50	46 8118	1 1531	20 642	19 761	21 083	20 202	1 924,268	47,053	9,22	50
7 0	47 9649	1 1540	20 657	19 732	21 119	20 194	1 971,321	47,062	9,67	7 0
10	49 1189	1 1547	20 672	19 702	21 157	20 187	2 018,383	47,072	10,14	10
20	50 2736	1 1557	20 687	19 672	21 195	20 180	2 065,455	47,080	10,62	20
30	51 4293	1 1565	20 703	19 640	21 235	20 172	2 112,535	47,089	11,11	30
40	52 5858	1 1574	20 719	19 608	21 275	20 164	2 159,624	47,100	11,61	40
50	53 7432	1 1584	20 736	19 576	21 316	20 156	2 206,724	47,109	12,12	50
8 0	54 9016	1 1593	20 753	19 542	21 358	20 148	2 253,833	47,118	12,64	8 0
10	56 0609	1 1602	20 770	19 508	21 401	20 139	2 300,951	47,129	13,18	10
20	57 2211	1 1613	20 788	19 473	21 445	20 131	2 348,080	47,140	13,72	20
30	58 3824	1 1622	20 806	19 438	21 490	20 122	2 395,220	47,150	14,28	30
40	59 5446	1 1633	20 824	19 402	21 536	20 113	2 442,370	47,161	14,85	40
50	60 7079	1 1644	20 843	19 364	21 582	20 104	2 489,531	47,172	15,43	50
9 0	61 8723	1 1653	20 862	19 327	21 630	20 094	2 536,703	47,183	16,02	9 0
10	63 0376	1 1665	20 882	19 288	21 678	20 085	2 583,886	47,194	16,62	10
20	64 2041	1 1676	20 901	19 249	21 728	20 075	2 631,080	47,206	17,23	20
30	65 3717	1 1687	20 922	19 209	21 778	20 065	2 678,286	47,218	17,85	30
40	66 5404	1 1699	20 942	19 168	21 829	20 055	2 725,504	47,230	18,49	40
50	67 7103	1 1710	20 963	19 127	21 882	20 045	2 772,734	47,243	19,13	50
10 0	68 8813		20 985	19 084	21 935	20 034	2 819,977		19,79	10 0
° '	-0,00		+ 0,00	+ 0,00	+ 0,00	+ 0,00	-		+	° '
π	h_1	d	h_2	h_3	h_4	h_5	h_6	d	h_7	π
			22	43	53	11			66	

$(\bar{\xi}_m)$	H_1	d	H_2	d	H_4	d	$(\bar{\xi}_m)$
-	+0,000		+0,000		+		-
0,0	5 0864	13	5 0864	6	0,0000	7	0,0
0,1	5 0851	36	5 0870	19	0,0007	21	0,1
0,2	5 0815	61	5 0889	31	0,0028	34	0,2
0,3	5 0754	85	5 0920	44	0,0062	49	0,3
0,4	5 0669	109	5 0964	57	0,0111	61	0,4
0,5	5 0560	133	5 1021	69	0,0172	75	0,5
0,6	5 0427	158	5 1090	81	0,0247	89	0,6
0,7	5 0269	181	5 1171	94	0,0336	101	0,7
0,8	5 0088	205	5 1265	106	0,0437	114	0,8
0,9	4 9883	229	5 1371	118	0,0551	126	0,9
1,0	4 9654	253	5 1489	131	0,0677	137	1,0
1,1	4 9401	275	5 1620	142	0,0814	149	1,1
1,2	4 9126		5 1762		0,0963		1,2
-	+0,000		+0,000		+		-
$(\bar{\xi}_m)$	H_1	d	H_2	d	H_4	d	$(\bar{\xi}_m)$

$(\bar{\xi}_m)$	H_3	d	$(\bar{\xi}_m)$	H_3	d	$(\bar{\xi}_m)$	H_3	d
-	+		-	+		-	+	
0,00	0	12,5896	0,40	503,1082	12,5529	0,80	1003,3599	12,4453
01	12,5896	12,5896	41	515,6611	12,5511	81	1015,8052	12,4417
02	25,1792	12,5896	42	528,2122	12,5492	82	1028,2469	12,4381
03	37,7688	12,5893	43	540,7614	12,5473	83	1040,6850	12,4344
04	50,3581	12,5892	44	553,3087	12,5453	84	1053,1194	12,4307
05	62,9473	12,5890	45	565,8540	12,5433	85	1065,5501	12,4269
06	75,5363	12,5887	46	578,3973	12,5413	86	1077,9770	12,4232
07	88,1250	12,5884	47	590,9386	12,5392	87	1090,4002	12,4193
08	100,7134	12,5880	48	603,4778	12,5370	88	1102,8195	12,4154
09	113,3014	12,5877	49	616,0148	12,5348	89	1115,2349	12,4115
0,10	125,8891	12,5871	0,50	628,5496	12,5326	0,90	1127,6464	12,4075
11	138,4762	12,5867	51	641,0822	12,5304	91	1140,0539	12,4035
12	151,0629	12,5862	52	653,6126	12,5280	92	1152,4574	12,3995
13	163,6491	12,5855	53	666,1406	12,5256	93	1164,8569	12,3954
14	176,2346	12,5850	54	678,6662	12,5233	94	1177,2523	12,3912
15	188,8196	12,5842	55	691,1895	12,5208	95	1189,6435	12,3870
16	201,4038	12,5836	56	703,7103	12,5183	96	1202,0305	12,3829
17	213,9874	12,5828	57	716,2286	12,5157	97	1214,4134	12,3785
18	226,5702	12,5820	58	728,7443	12,5132	98	1226,7919	12,3743
19	239,1522	12,5811	59	741,2575	12,5105	99	1239,1662	12,3699
0,20	251,7333	12,5802	0,60	753,7680	12,5079	1,00	1251,5361	12,3655
21	264,3135	12,5793	61	766,2759	12,5052	01	1263,9016	12,3611
22	276,8928	12,5783	62	778,7811	12,5024	02	1276,2627	12,3566
23	289,4711	12,5773	63	791,2835	12,4995	03	1288,6193	12,3520
24	302,0484	12,5762	64	803,7830	12,4968	04	1300,9713	12,3476
25	314,6246	12,5751	65	816,2798	12,4939	05	1313,3189	12,3429
26	327,1997	12,5739	66	828,7737	12,4909	06	1325,6618	12,3383
27	339,7736	12,5727	67	841,2646	12,4879	07	1338,0001	12,3336
28	352,3463	12,5714	68	853,7525	12,4850	08	1350,3337	12,3288
29	364,9177	12,5702	69	866,2375	12,4818	09	1362,6625	12,3241
0,30	377,4879	12,5688	0,70	878,7193	12,4788	1,10	1374,9866	12,3193
31	390,0567	12,5674	71	891,1981	12,4756	11	1387,3059	12,3144
32	402,6241	12,5660	72	903,6737	12,4724	12	1399,6203	12,3096
33	415,1901	12,5645	73	916,1461	12,4692	13	1411,9299	12,3046
34	427,7546	12,5630	74	928,6153	12,4659	14	1424,2345	12,2996
35	440,3176	12,5614	75	941,0812	12,4625	15	1436,5341	12,2947
36	452,8790	12,5598	76	953,5437	12,4592	16	1448,8288	12,2895
37	465,4388	12,5582	77	966,0029	12,4558	17	1461,1183	12,2845
38	477,9970	12,5564	78	978,4587	12,4523	18	1473,4028	12,2793
39	490,5534	12,5548	79	990,9110	12,4489	19	1485,6821	12,2742
0,40	503,1082		0,80	1003,3599		1,20	1497,9563	
-	+		-	+		-	+	
$(\bar{\xi}_m)$	H_3	d	$(\bar{\xi}_m)$	H_3	d	$(\bar{\xi}_m)$	H_3	d

FSC
www.fsc.org
MIX
Papier | Fördert
gute Waldnutzung
FSC® C083411

Kolibri 360 GmbH
Ferdinand-Jühlke-Straße 7
99095 Erfurt, Deutschland
produktsicherheit@kolibri360.de